青海省气候特征及气象灾害

马占良　刘彩红 等　编著

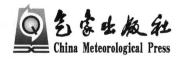

气象出版社
China Meteorological Press

内 容 简 介

青海省地处青藏高原腹地，具有气温低、日照强、降水少的气候特点。由于高原下垫面地形复杂，省内气候区域性差异大，各类气象灾害频发，很难以一言以概之。本书基于青海省 50 个气象站的观测资料，以图形、文字及附表形式，分析了 1961—2019 年青海省基本气候要素特征、极端气候特征及常见气象灾害特征。全书共分 3 章，其中，第 1 章为基本气候要素特征，介绍了青海省降水量、平均气温、日照时数、蒸发量等基本气候要素的空间变化特征及年际变化特点；第 2 章为极端气候特征，介绍了青海省极端最高气温、极端最低气温、年极端降水量及各月极端气候等特征；第 3 章为常见气象灾害特征。附表给出了青海省 1—12 月各气象站极端日降水量历史前 3 位和出现时间、月降水量历史最大（小）值和出现年份及常年值、月平均气温历史最高（低）值和出现年份及常年值。

本书可供农业、气象、环境资源开发利用及发展规划等方面的生产、科研及管理人员参考，也可供政府相关部门决策时参考。

图书在版编目（ＣＩＰ）数据

青海省气候特征及气象灾害 / 马占良等编著. -- 北京：气象出版社，2022.11
ISBN 978-7-5029-7847-1

Ⅰ. ①青… Ⅱ. ①马… Ⅲ. ①气候特点－研究－青海②气象灾害－研究－青海 Ⅳ. ①P468.222②P429

中国版本图书馆CIP数据核字(2022)第206157号

青海省气候特征及气象灾害
Qinghai Sheng Qihou Tezheng ji Qixiang Zaihai

出版发行：气象出版社			
地　址：北京市海淀区中关村南大街 46 号		**邮政编码**：100081	
电　话：010-68407112(总编室)　010-68408042(发行部)			
网　址：http://www.qxcbs.com		**E-mail**：qxcbs@cma.gov.cn	
责任编辑：陈　红		**终　审**：吴晓鹏	
责任校对：张硕杰		**责任技编**：赵相宁	
封面设计：楠竹文化			
印　刷：北京建宏印刷有限公司			
开　本：787 mm×1092 mm　1/16		**印　张**：7.25	
字　数：186 千字			
版　次：2022 年 11 月第 1 版		**印　次**：2022 年 11 月第 1 次印刷	
定　价：50.00 元			

前　言

被誉为"中华水塔"的青海省地处青藏高原腹地,有着独特的自然生态系统和丰富的自然资源,是我国重要的生态安全屏障,也是亚洲最重要的生态安全屏障和全球气候环境变化敏感区之一。1961—2019 年,青海省气候整体呈暖湿化趋势,年平均气温每 10 年升高 0.42 ℃,年降水量每 10 年增加 8.7 mm。在气候变暖背景下,近 60 年来青海省大部分地区极端高温和降水事件发生频次显著增加,暴雨、暴雪、雷电等气象灾害增多,泥石流、滑坡、崩塌、冰湖溃决等衍生灾害加剧,气候风险持续加大,生态安全面临更大挑战。

青海省"十四五"及未来工作主线之一即实现与高质量发展相匹配的高水平生态环境保护。积极应对气候变化是实现社会经济高质量发展、生态文明统筹推进的关键环节。青海省高原地貌复杂多样,各地气候变化差异较大,生态环境极其脆弱,对自然灾害抵御能力较差,与此相关的平均气候和极端天气气候事件的微小变化可能会使青藏高原处于临界状态的生态平衡发生一系列的变化。为此,本书基于地面气象站均一化的气象观测资料,系统分析近 60 年青海省平均气候与极端气候事件变化特征,全面认识区域气候因子的变化事实,以期为保护"中华水塔"及青海省高质量发展系列工程的实施提供科学依据。

《青海省气候特征及气象灾害》由马占良、刘彩红主编,拟定大纲和章节要点,确定本书分为 3 章。第 1 章基本气候要素由刘彩红、郭英香、马占良、戴升、时盛博、温婷婷、来晓玲、董少睿编写;第 2 章极端气候特征由马占良、冯晓莉、杨延华、王紫文、戴升、李万志、马有绚、王敏编写;第 3 章气象灾害特征由李万志、刘彩红、东元帧、余迪、蔡忠周编写;最后附表给出了青海省 1—12 月各气象站极端日降水量历史前 3 位和出现时间、月降水量历史最大(小)值和出现年份及常年值、月平均气温历史最高(低)值和出现年份及常年值。全书由马占良、李万志、冯晓莉统稿,刘彩红、郭英香、马海玲审定。

本书的出版承蒙青海省科技厅基础研究项目(2019-ZJ-603)的大力支持。在编写过程中,王朋岭(国家气候中心)、杨昭明(青海省气候中心)、罗生洲(《青海气象》编辑部)等专家提出了许多宝贵意见,在此一并表示衷心感谢! 由于付梓仓促,虽经再三刊校,书中错漏在所难免,敬请广大读者不吝指正。

作者

2022 年 1 月

目　　录

前言

第1章　基本气候要素特征 ·· (1)

1.1　降水量 ··· (1)

1.2　平均气温 ·· (3)

1.3　平均最高气温 ·· (5)

1.4　平均最低气温 ·· (7)

1.5　日照时数 ·· (9)

1.6　平均风速 ··· (11)

1.7　相对湿度 ··· (13)

1.8　蒸发量 ··· (15)

1.9　地表温度 ··· (17)

第2章　极端气候特征 ··· (19)

2.1　极端最高气温 ··· (19)

2.2　极端最低气温 ··· (19)

2.3　气温年较差 ··· (20)

2.4　年极端最大降水量 ··· (20)

2.5　各月极端最大降水量 ··· (22)

2.6　各月极端日最大降水量 ··· (29)

2.7　日降水量大于等于 25 mm 的年平均日数 ·························· (37)

第3章　气象灾害特征 ··· (39)

3.1　雪灾 ··· (39)

3.2　干旱 ··· (40)

3.3　暴雨 ··· (41)

3.4　冰雹 ··· (42)

3.5　沙尘暴 ··· (43)

3.6　大风 ··· (44)

3.7　雷电 ··· (45)

附表1　1—12 月各气象站极端日降水量历史前 3 位和出现时间统计 ······ (46)

附表2　1—12 月各气象站月降水量历史最大(小)值和出现年份及常年值统计 ··· (68)

附表3　1—12 月各气象站月平均气温历史最高(低)值和出现年份及常年值统计 ···· (87)

第 1 章 基本气候要素特征

1.1 降水量

1961—2019 年,青海省年平均降水量呈显著增加趋势,平均每 10 年增加 8.7 mm(图 1.1a),其中,2018 年为降水量最多年(484.2 mm),1962 年为最少年(290.7 mm)。从年平均降水量变率空间分布来看(图 1.1b),三江源区的五道梁、柴达木盆地的乌兰、德令哈以及贵南等地降水增幅最大,平均每 10 年增加 22.4～25.8 mm,其余地区每 10 年增幅小于 20.0 mm。

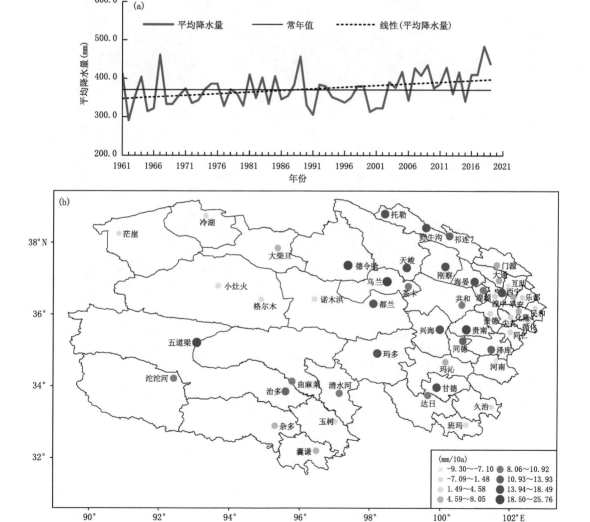

图 1.1 1961—2019 年青海省年平均降水量年际变化(a)及年平均降水量变率空间分布(b)

1961—2019年,青海省年降水量为372.4 mm,除柴达木盆地外的其他大部地区年平均降水量都在250.0 mm以上,久治、班玛最多,分别为750.8 mm、661.9 mm(图1.2a)。2010—2019年,青海省年平均降水量为405.6 mm,柴达木盆地中西部年降水量不足100.0 mm,其余大部地区年平均降水量均在250.0 mm以上,久治、班玛最多,分别为782.0 mm、683.9 mm(图1.2b)。

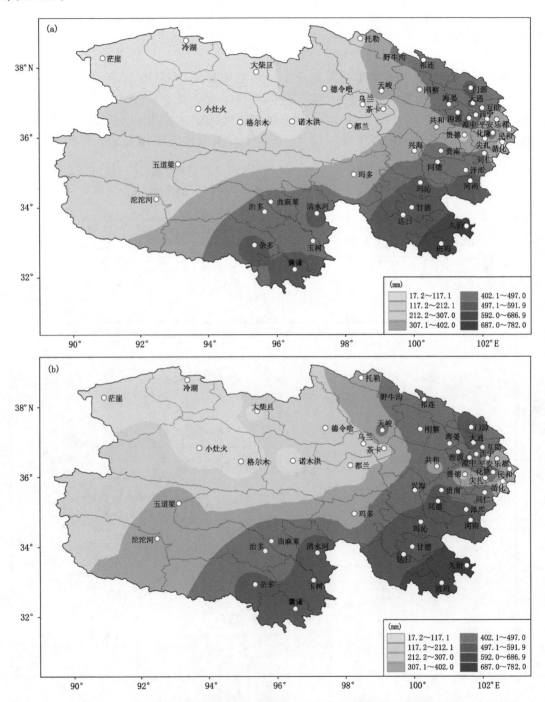

图1.2　1961—2019年青海省年平均降水量(a)及2010—2019年青海省年平均降水量(b)空间分布

1.2　平均气温

　　1961—2019 年,青海省年平均气温为 2.2 ℃,呈显著升高趋势,升温速率为每 10 年 0.42 ℃(图 1.3a),其中,2016 年为平均气温最高年(3.8 ℃),1962 年为最低年(0.1 ℃)。从平均气温变率空间分布来看(图 1.3b),除河南、甘德呈降温趋势外,其他地区均呈升高趋势,柴达木盆地的乌兰、茫崖、小灶火、大柴旦和东部地区的湟中、大通、互助、平安及同德、海晏等地升幅较大,平均每10 年升温 0.51~1.98 ℃,其余地区升幅为每 10 年升温 0.15~0.49 ℃。

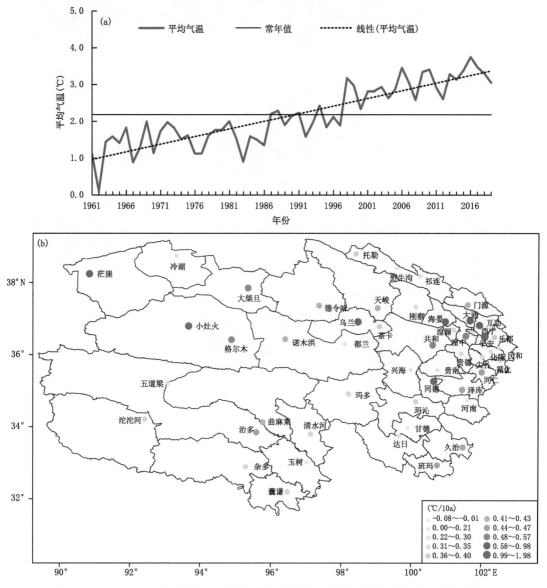

图 1.3　1961—2019 年青海省年平均气温年际变化(a)及年平均气温变率空间分布(b)

　　1961—2019 年,青海省北部地区年平均气温在 −0.8~9.0 ℃,循化为全省最高(9.0 ℃);

青南牧区大部地区年平均气温在−5.1～4.5 ℃,五道梁为全省最低(为−5.1 ℃,图 1.4a)。2010—2019 年,青海省年平均气温为 3.2 ℃,其中,北部地区年平均气温在−2.1～10.0 ℃,循化为全省最高(10.0 ℃);青南牧区大部年平均气温在−4.0～5.6 ℃,五道梁为全省最低(−4.0 ℃,图 1.4b)。

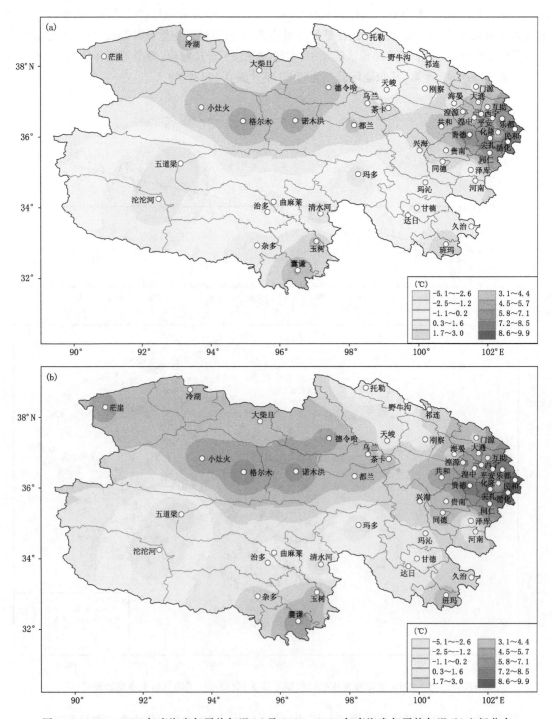

图 1.4 1961—2019 年青海省年平均气温(a)及 2010—2019 年青海省年平均气温(b)空间分布

1.3　平均最高气温

1961—2019 年,青海省年平均最高气温为 10.4 ℃,呈显著升高趋势,升温速率为每 10 年 0.35 ℃(图 1.5a),其中,2016 年为平均最高气温最高年(11.8 ℃),1962 年为最低年(8.7 ℃)。从平均最高气温变率空间分布来看(图 1.5b),除河南最高气温呈降低趋势外,其余地区均呈升高趋势,平安、乌兰、海晏、泽库、甘德升温速率较大,平均每 10 年升温 1.2~3.9 ℃,其余地区升温速率为每 10 年 0.17~0.9 ℃。

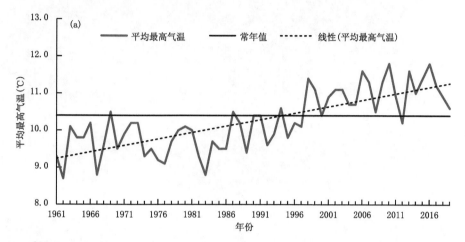

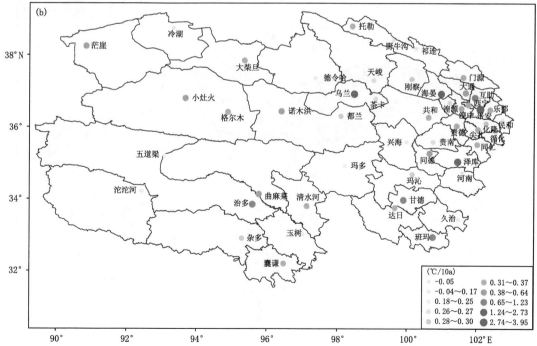

图 1.5　1961—2019 年青海省年平均最高气温年际变化(a)及年平均最高气温变率空间分布(b)

1961—2019 年,青海省北部地区年平均最高气温在 7.2～16.7 ℃,尖扎为全省最高(16.7 ℃);青南牧区大部地区年平均最高气温在 4.1～15.7 ℃,五道梁为全省最低(4.1 ℃,图 1.6a)。2010—2019 年,青海省年平均最高气温为 11.3 ℃,其中,北部地区年平均最高气温在 7.2～16.7 ℃,尖扎为全省最高(16.7 ℃);青南牧区大部地区年平均最高气温在 5.1～16.6 ℃,五道梁为全省最低(3.1℃,图 1.6b)。

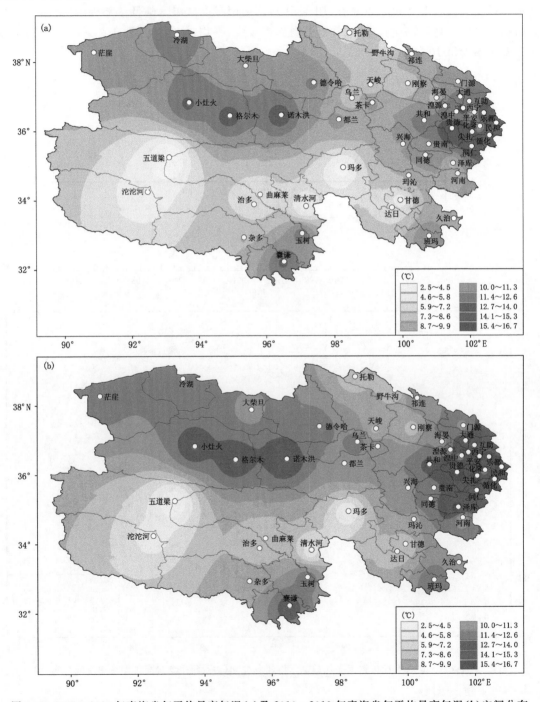

图 1.6　1961—2019 年青海省年平均最高气温(a)及 2010—2019 年青海省年平均最高气温(b)空间分布

1.4　平均最低气温

1961—2019 年,青海省年平均最低气温为 −4.4 ℃,呈快速升高趋势,升温速率为每 10 年 0.5 ℃(图 1.7a),其中,2017 年为平均最低气温最高年(−2.5 ℃),1962 年为最低年(−6.7 ℃)。从平均最低气温变率空间分布来看(图 1.7b),柴达木盆地的大柴旦、茫崖、德令哈、格尔木及同德、天峻、大通、湟中等地升温速率较大,升温速率为每 10 年升高 0.8~1.1 ℃,青南牧区大部地区每 10 年升温 −0.1~0.7 ℃。

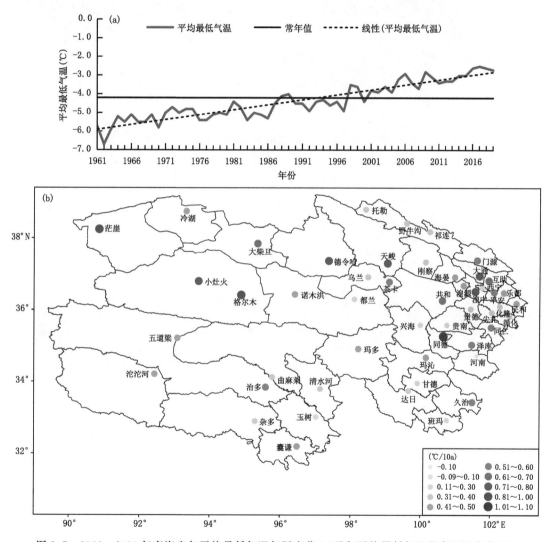

图 1.7　1961—2019 年青海省年平均最低气温年际变化(a)及年平均最低气温变率空间分布(b)

1961—2019 年,青海北部地区年平均最低气温在 −10.1~3.0 ℃,野牛沟年平均最低气温为全省最低(−10.1 ℃);青南牧区大部地区在 −11.0~1.9 ℃,清水河、五道梁均为最低(−11.0 ℃,图 1.8a)。2010—2019 年,青海省年平均最低气温为 −3.0 ℃,其中,北部地区平

均最低气温在−9.1～4.6 ℃,循化为最高(4.6 ℃);青南牧区大部地区年平均最低气温在
−9.8～−0.4 ℃,清水河为最低(−9.8 ℃,图1.8b)。

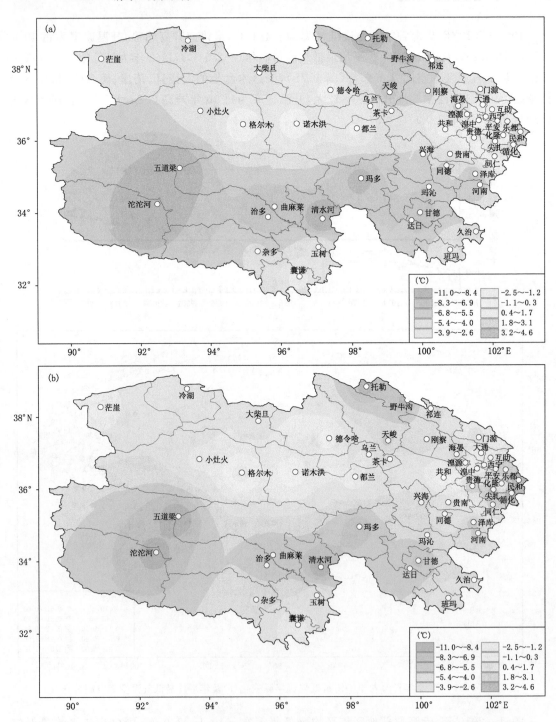

图1.8 1961—2019年青海省年平均最低气温(a)及2010—2019年青海省年平均最低气温(b)空间分布

1.5　日照时数

1961—2019 年,青海省年平均日照时数为 2744.9 h,呈显著减小趋势,平均每 10 年减小 24.4 h(图 1.9a),其中,1978 年为平均日照时数最多年(2890.5 h),2018 年为最少年 (2507.7 h)。从日照时数变率空间分布来看(图 1.9b),柴达木盆地诺木洪、冷湖,东部农业区 民和、西宁和三江源地区治多日照时数减幅最大,平均每 10 年减少 60.3~69.5 h,其余地区减 幅为每 10 年减少 1.2~56.9 h。

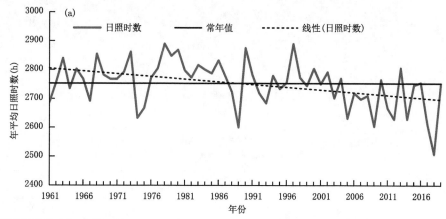

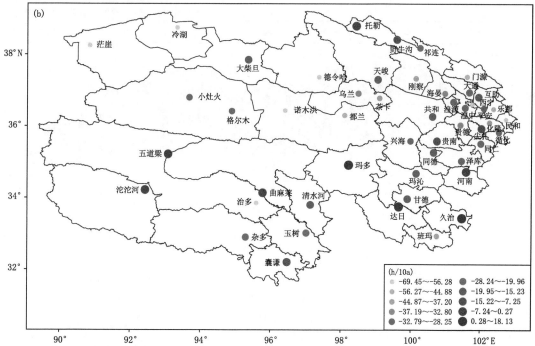

图 1.9　1961—2019 年青海省年平均日照时数年际变化(a)及年平均日照时数变率空间分布(b)

1961—2019 年,青海省柴达木盆地年平均日照时数在 2979.3~3432.7 h,冷湖年平均日 照时数最多(3432.7 h);青南牧区大部地区年平均日照时数在 2325.0~2577.8 h,班玛为最低

(2325.0 h,图1.10a)。2010—2019年,青海省年平均日照时数为2653.2 h,其中,柴达木盆地年平均日照时数在2851.4～3412.6 h,冷湖为最多(3412.6 h);青南牧区大部地区年平均日照时数在2192.3～2502.0 h,班玛为最低(2192.3 h,图1.10b)。

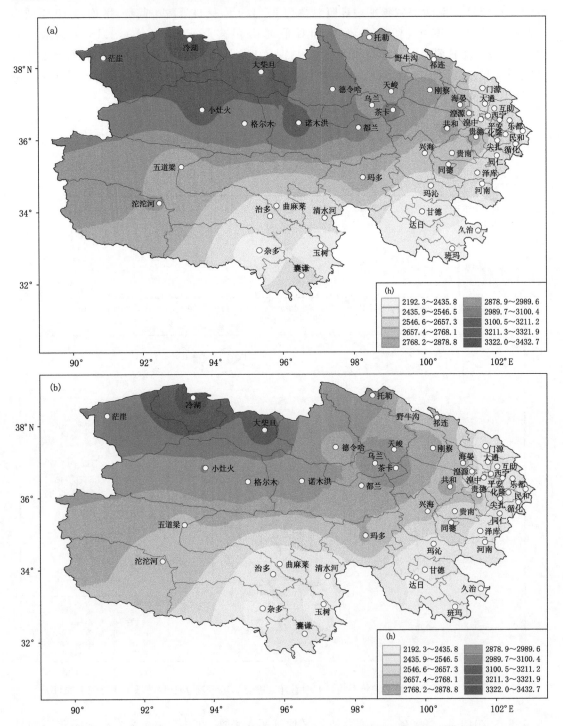

图1.10　1961—2019年青海省年平均日照时数(a)及2010—2019年青海省年平均日照时数(b)空间分布

1.6　平均风速

1961—2019 年,青海省年平均风速为 2.3 m/s,总体呈减小趋势,平均每 10 年减小 0.11 m/s(图 1.11a),1969 年为年平均风速最大年(3.0 m/s),2002 年为最小年(2.0 m/s)。从平均风速变率空间分布来看(图 1.11b),柴达木盆地的茫崖、诺木洪、乌兰年平均风速减幅最大,平均每 10 年减少 0.3~0.6 m/s,其余地区平均每 10 年减少 0.1~0.2 m/s。

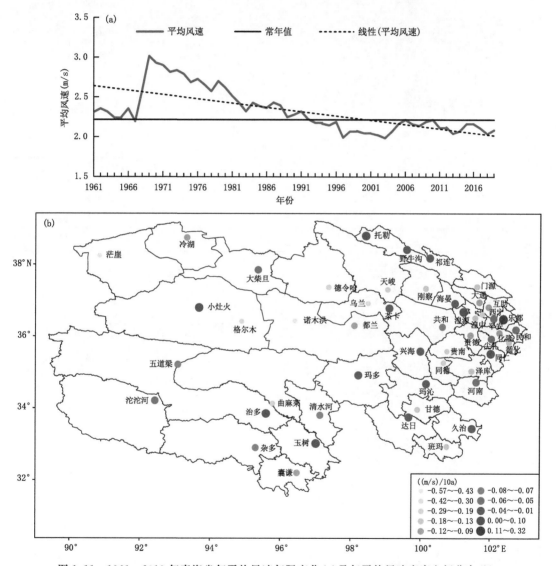

图 1.11　1961—2019 年青海省年平均风速年际变化(a)及年平均风速变率空间分布(b)

1961—2019 年,青海省西北部地区年平均风速在 2.0~4.3 m/s,五道梁年平均风速最大(4.3 m/s);东南部大部地区在 1.1~1.8 m/s,玉树为最小(1.1 m/s,图 1.12a)。2010—2019 年,青海省年平均风速为 2.1 m/s,其中,西北部地区年平均风速在 2.1~4.1 m/s,五道梁为最大(4.1 m/s);东南大部地区年平均风速在 1.2~1.8 m/s,西宁和班玛均为最小(1.2 m/s,图 1.12b)。

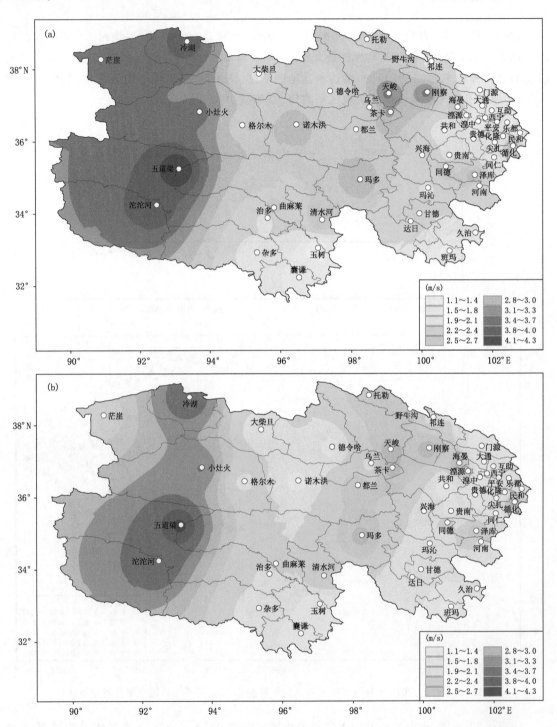

图1.12　1961—2019 年青海省年平均风速(a)及 2010—2019 年青海省年平均风速(b)空间分布

1.7 相对湿度

1961—2019 年,青海省年平均相对湿度为 52.1%,呈减小趋势,减小速率为每 10 年 0.3%(图 1.13a),其中,1989 年为相对湿度最高年(56.9%),2013 年为最低年(47.5%)。从相对湿度变率空间分布来看(图 1.13b),冷湖、野牛沟、大柴旦、天峻、诺木洪、乌兰、都兰、茶卡、西宁、兴海、贵南和甘德相对湿度呈增加趋势,平均每 10 年增加 0.1%～0.8%,其余地区均呈减小趋势,大通、互助、平安、同德、泽库、同仁和玛多等地减幅大,平均每 10 年减小 1.0%～1.9%。

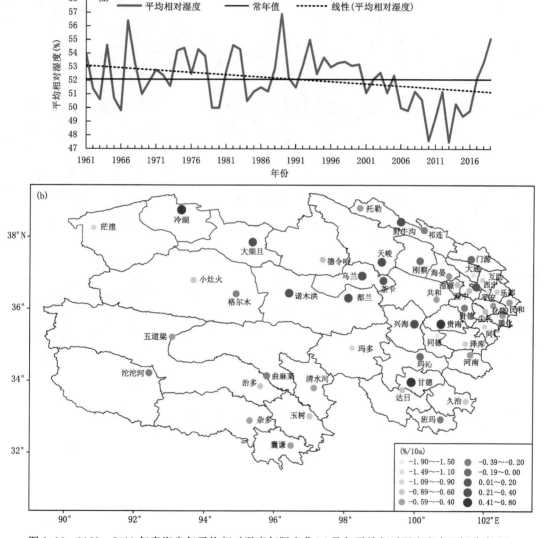

图 1.13 1961—2019 年青海省年平均相对湿度年际变化(a)及年平均相对湿度变率空间分布(b)

1961—2019 年,青海省年平均相对湿度为 52.6%,柴达木盆地年平均相对湿度在 29.0%～42.6%,冷湖为最低(29.0%);其余地区年平均相对湿度在 48.9%～65.4%,其中,清水河相对湿度最高(65.4%,图 1.14a)。2010—2019 年,青海省年平均相对湿度为 50.6%,柴达木盆地年平均相对湿度在 30.5%～59.5%,其中,茫崖和冷湖相对湿度最低均为 30.5%;其余地区年平均相对湿度在 46.4%～63.3%,贵德为最低(46.4%,图 1.14b)。

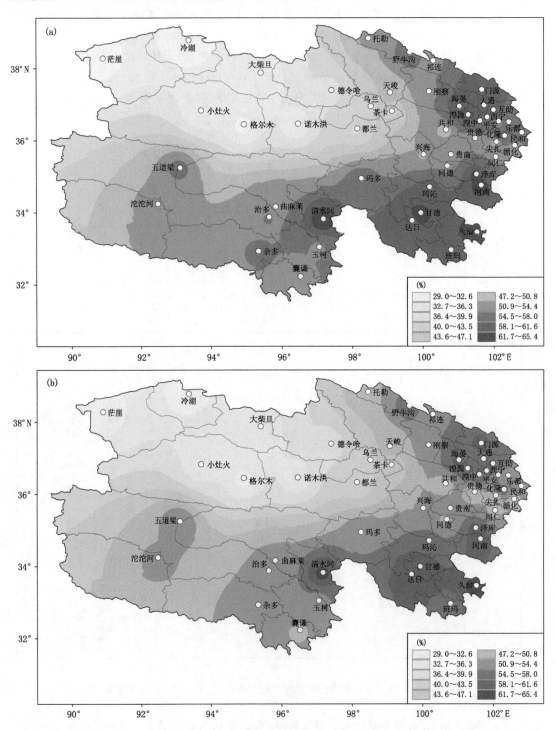

图 1.14　1961—2019 年青海省年平均相对湿度(a)及 2010—2019 年青海省年平均相对湿度(b)空间分布

1.8　蒸发量

　　1961—2019 年,青海省年平均蒸发量呈缓慢增加趋势,平均每 10 年增加2.3 mm(图 1.15a),其中,2010 年为蒸发量最多年(1106.9 mm),1989 年为最少年(926.3 mm)。从蒸发量变率空间分布来看(图 1.15b),柴达木盆地大部以及东部部分地区年蒸发量呈减小趋势,其中,诺木洪、格尔木减少幅度最大,平均每 10 年分别减少 61.6 mm、37.6 mm;其余地区呈增加趋势,小灶火增幅最大,平均每 10 年增加 38.1 mm。

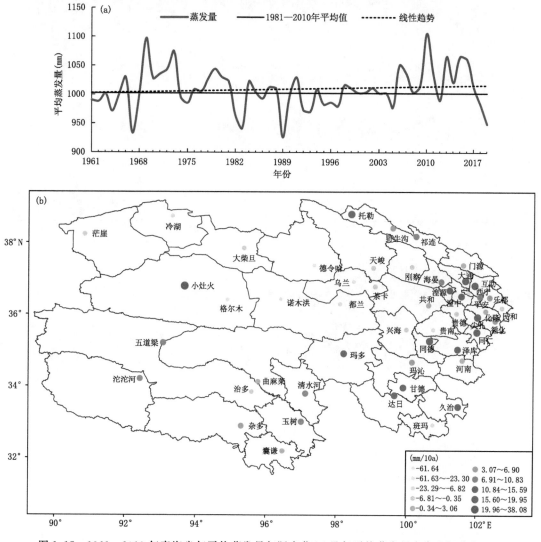

图 1.15　1961—2019 年青海省年平均蒸发量年际变化(a)及年平均蒸发量变率空间分布(b)

　　1961—2019 年,青海省年平均蒸发量为 1009.6 mm,其中,柴达木盆地年平均蒸发量在1000.0 mm 以上,冷湖为最大(1507.3 mm),清水河为最小(768.3 mm,图 1.16a)。2010—

2019 年,青海省年平均蒸发量为 1029.5 mm,其中,柴达木盆地以及东部部分地区年平均蒸发量在 1000.0 mm 以上,冷湖蒸发量最大(1496.2 mm),清水河蒸发量最小(798.4 mm,图 1.16b)。

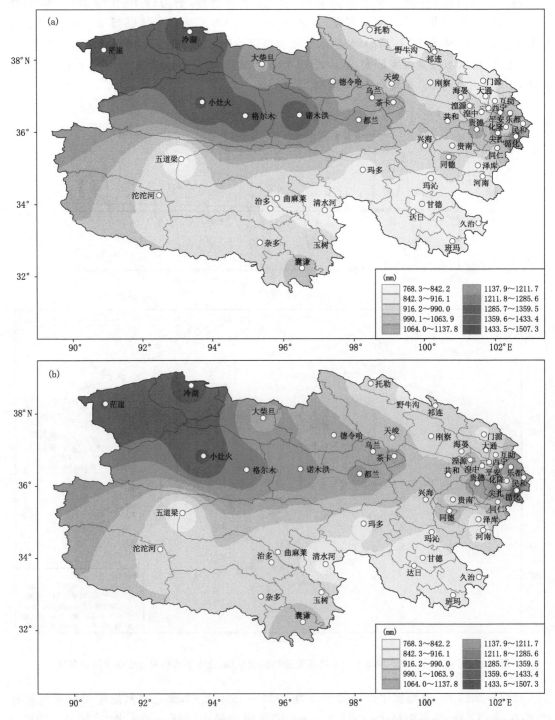

图 1.16　1961—2019 年青海省年平均蒸发量(a)及 2010—2019 年青海省年平均蒸发量(b)空间分布

1.9　地表温度

　　1961—2019 年,青海省年平均地表温度为 5.9 ℃,呈快速升高趋势,平均每 10 年升温 0.68 ℃(图 1.17a),其中,2016 年为平均地表温度最高年(7.4 ℃),1983 年为最低年(4.1 ℃)。从地表温度变率空间分布来看(图 1.17b),全省年平均地表温度呈升高趋势,柴达木盆地的茫崖、小灶火、大柴旦和青南牧区的泽库、河南、清水河及同德升幅较大,平均每 10 年升温 0.95～1.21 ℃,其余地区为 0.05～0.88 ℃。

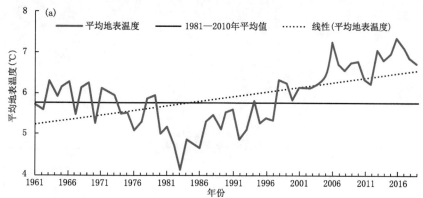

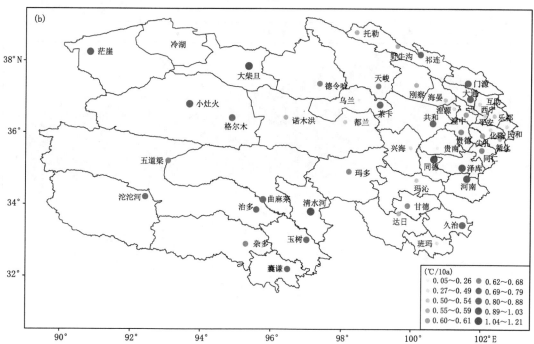

图 1.17　1961—2019 年青海省年平均地表温度年际变化(a)及年平均地表温度变率空间分布(b)

　　1961—2019 年,青海省年平均地表温度为 5.7 ℃,其中,北部地区年平均地表温度在 1.23～12.1 ℃,民和为最高(12.1 ℃);青南牧区大部地区平均地表温度在 −0.60～12.08 ℃,五道梁为最低(−0.6 ℃,图 1.18a)。2010—2019 年,青海省年平均地表温度为 6.82 ℃,其中,北部地区年平均地表温度在 1.06～12.9 ℃,循化为最高(12.9 ℃);青南牧区大部地区平均地表温度在 4.0～9.7 ℃,五道梁为最低(0.0 ℃,图 1.18b)。

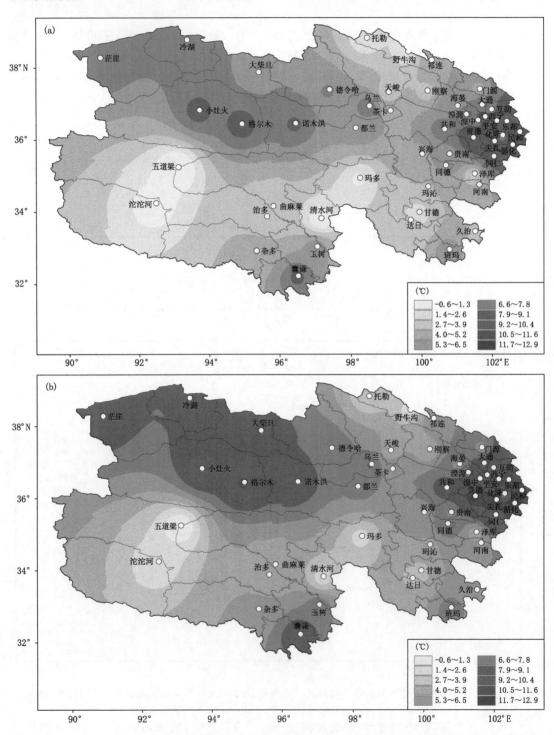

图 1.18　1961—2019 年青海省年平均地表温度(a)及 2010—2019 年青海省年平均地表温度(b)空间分布

第 2 章 极端气候特征

2.1 极端最高气温

1961—2019 年,青海省极端最高气温总体呈北部高、南部低趋势(图 2.1),其中,东部农业区的尖扎、贵德、西宁等地极端最高气温普遍在 38 ℃以上,尖扎为全省最高(40.3 ℃),贵德为全省次高(38.7 ℃);青南牧区极端最高气温普遍在 27 ℃以下,清水河为全省最低(23 ℃)。

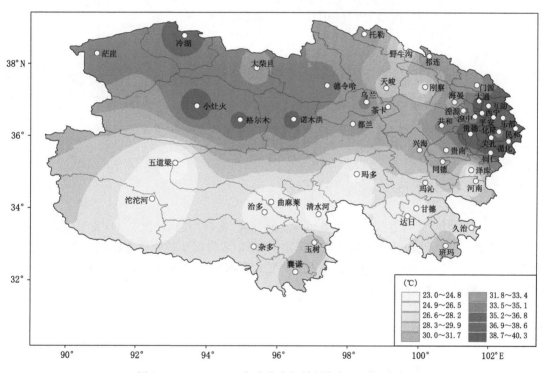

图 2.1 1961—2019 年青海省极端最高气温空间分布

2.2 极端最低气温

1961—2019 年,青海省极端最低气温总体呈北部高、南部低趋势(图 2.2),其中,东部农业区的尖扎、循化、平安等地极端最低气温普遍在 −22 ℃以上,尖扎为全省最高(−19.8 ℃),循化为全省次高(−20.6 ℃);青南牧区极端最低气温普遍在 −37 ℃以下,玛多为全省最低(−48.1 ℃)。

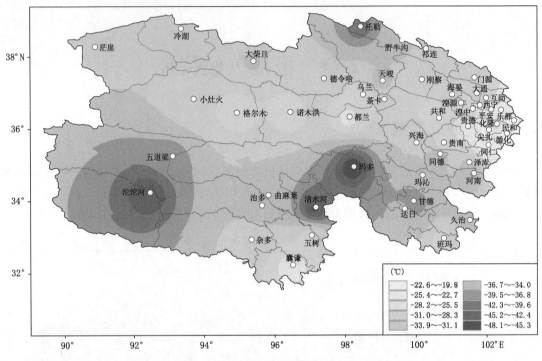

图 2.2 1961—2019 年青海省极端最低气温空间分布

2.3 气温年较差

1961—2019 年,青海省气温年较差总体呈北部大、南部小趋势(图 2.3),其中,东部农业区的西宁、大通、贵德、民和及柴达木盆地的诺木洪、格尔木气温年较差普遍在 21 ℃以上,西宁为全省最高(25.2 ℃),诺木洪为全省次高(22.7 ℃);青南牧区气温年较差普遍在 15 ℃以下,五道梁为全省最低(6.65 ℃)。

2.4 年极端最大降水量

1961—2019 年,青海省年极端最大降水量总体呈西北少、东南多趋势(图 2.4),其中,青南牧区的久治、河南、班玛等年极端最大降水量在 800 mm 以上,久治为全省最高(1030.8 mm);东部农业区为全省次高区,湟中、互助普遍在 700 mm 以上;柴达木盆地年极端最大降水量为全省最低区,冷湖为 44.5 mm,为全省最低。

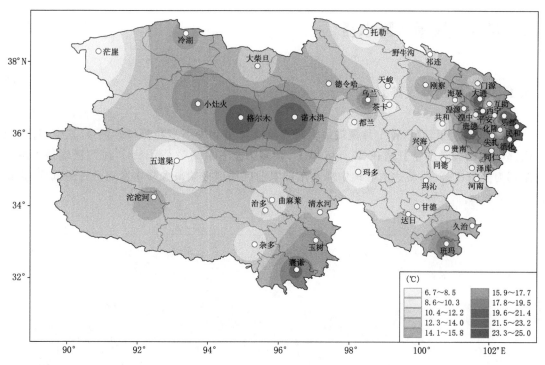

图 2.3 1961—2019 年青海省气温年较差空间分布

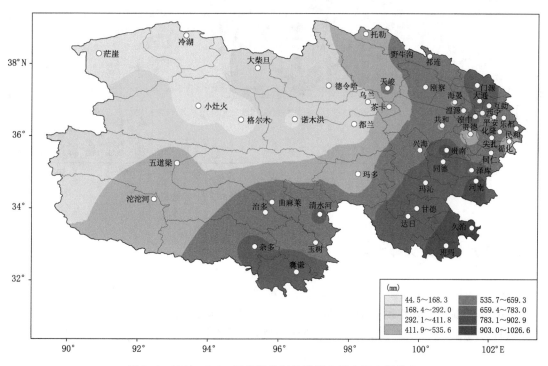

图 2.4 1961—2019 年青海省年极端最大降水量空间分布

2.5 各月极端最大降水量

2.5.1 1月极端最大降水量

1961—2019 年,青海省 1 月极端最大降水量总体呈北少南多趋势(图 2.5),其中,青南牧区南部极端最大降水量普遍在 20 mm 以上,杂多为全省最高(28.5 mm);海西极端最大降水量东部为全省次高区;柴达木盆地中部及东部农业区局部极端最大降水量为全省最低区,贵德仅为 2.8 mm。

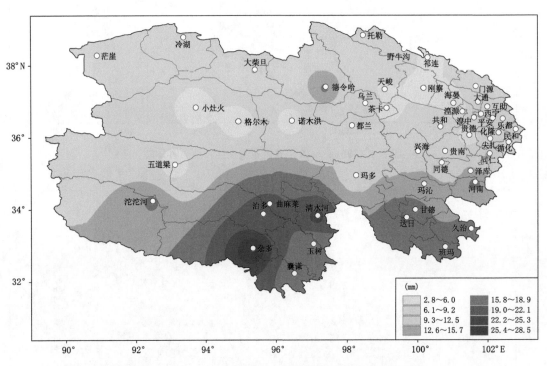

图 2.5 1961—2019 年青海省 1 月极端最大降水量空间分布

2.5.2 2月极端最大降水量

1961—2019 年,青海省 2 月极端最大降水量总体呈西北少,东南多趋势(图 2.6),其中,青南牧区南部极端最大降水量普遍在 20 mm 以上,班玛为全省最高(29.1 mm);祁连山东段极端最大降水量为全省次高区;柴达木盆地中部极端最大降水量为全省最低区,小灶火仅为 1.7 mm。

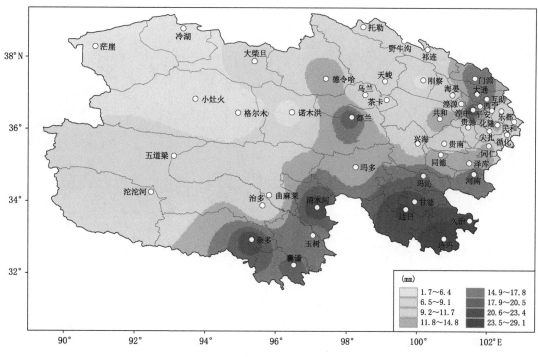

图 2.6　1961—2019 年青海省 2 月极端最大降水量空间分布

2.5.3　3 月极端最大降水量

1961—2019 年,青海省 3 月极端最大降水量总体呈西北少,东南多趋势(图 2.7),其中,青南牧区南部极端最大降水量普遍在 20 mm 以上,门源为全省最高(47.9 mm);柴达木盆地中部极端最大降水量为全省最低区,冷湖仅为 2.1 mm。

2.5.4　4 月极端最大降水量

1961—2019 年,青海省 4 月极端最大降水量总体呈西少东多趋势(图 2.8),其中,东北部及果洛南部极端最大降水量普遍在 50 mm 以上;东部农业区极端最大降水量为全省最高区,大通为全省最高(126.2 mm);果洛南部极端最大降水量为次高区;柴达木盆地中西部极端最大降水量为全省最低区,小灶火仅为 6.5 mm。

2.5.5　5 月极端最大降水量

1961—2019 年,青海省 5 月极端最大降水量总体呈西北少,东南多趋势(图 2.9),其中,青南牧区东部及农业区局部极端最大降水量普遍在 100 mm 以上,湟中为全省最高(188.4 mm);柴达木盆地中部极端最大降水量为全省最低区,冷湖仅为 12.2 mm。

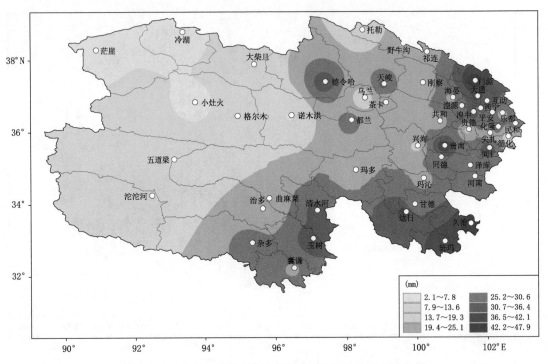

图 2.7　1961—2019 年青海省 3 月极端最大降水量空间分布

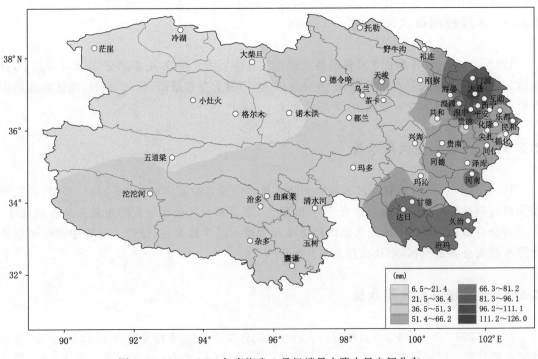

图 2.8　1961—2019 年青海省 4 月极端最大降水量空间分布

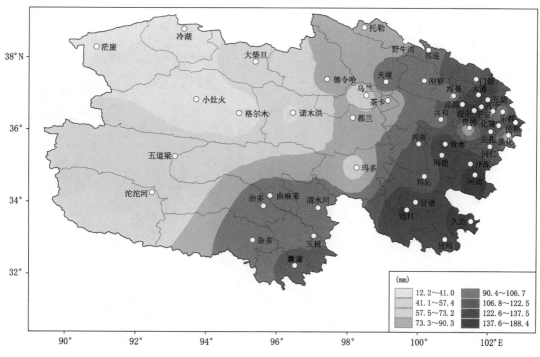

图 2.9 1961—2019 年青海省 5 月极端最大降水量空间分布

2.5.6 6 月极端最大降水量

1961—2019 年,青海省 6 月极端最大降水量总体呈西北少,东南多趋势(图 2.10),其中,果洛南部极端最大降水量普遍在 200 mm 以上,久治为全省最高(237.5 mm);玉树南部极端最大降水量为全省次高区;柴达木盆地大部地区极端最大降水量为全省最低区,冷湖仅为 27.7 mm。

2.5.7 7 月极端最大降水量

1961—2019 年,青海省 7 月极端最大降水量总体呈西北少,东南多趋势(图 2.11),其中,青南牧区的久治、河南、班玛、囊谦、达日、清水河和杂多极端最大降水量在 200 mm 以上,久治为全省最多(276.6 mm);环青海湖地区极端最大降水量为全省次多区;柴达木盆地极端最大降水量为全省最少区,小灶火为 20.7 mm。

2.5.8 8 月极端最大降水量

1961—2019 年,青海省 8 月极端最大降水量总体呈西北少,东南多趋势(图 2.12),其中,青南牧区的久治、河南、囊谦、玛沁、贵南、泽库和东部农业区的湟源、大通、互助、湟中、同仁极端最大降水量在 200 mm 以上,贵南为全省最多(315.0 mm);柴达木盆地极端最大降水量为全省最少区,小灶火为 25.8 mm。

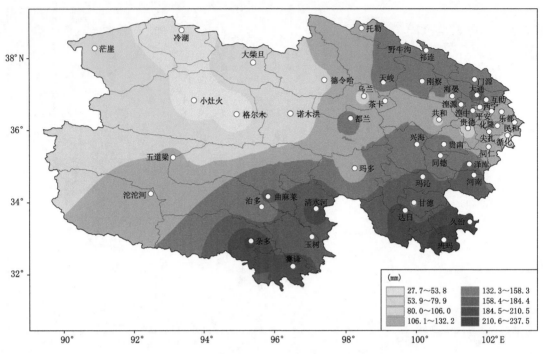

图 2.10　1961—2019 年青海省 6 月极端最大降水量空间分布

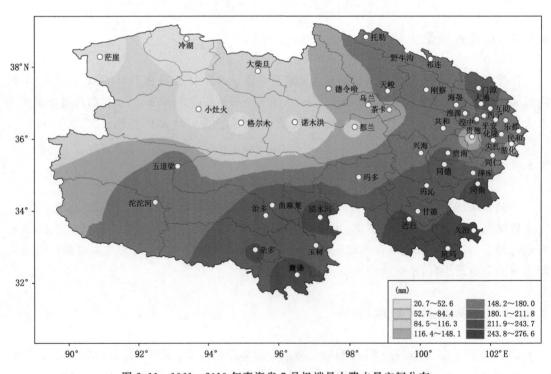

图 2.11　1961—2019 年青海省 7 月极端最大降水量空间分布

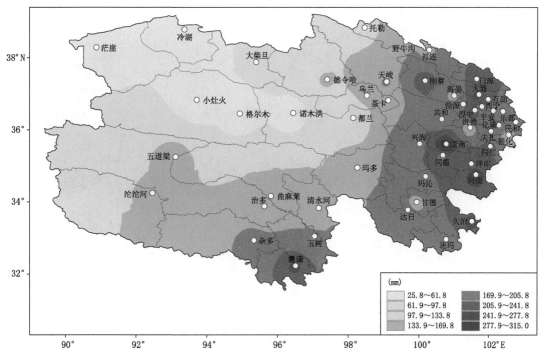

图 2.12　1961—2019 年青海省 8 月极端最大降水量空间分布

2.5.9　9 月极端最大降水量

1961—2019 年,青海省 9 月极端最大降水量总体呈西北少,东南多趋势(图 2.13),其中,青南牧区的久治、班玛极端最大降水量在 200 mm 以上,久治为全省最多(230.0 mm);东部农业区极端最大降水量为全省次多区,互助最多(179.5 mm);柴达木盆地极端最大降水量为全省最少区,冷湖仅为 19.5 mm。

2.5.10　10 月极端最大降水量

1961—2019 年,青海省 10 月极端最大降水量总体呈西北少,东南多趋势(图 2.14),其中,青南牧区的久治、班玛、河南和杂多极端最大降水量在 100 mm 以上,杂多为全省最多(129.4 mm);东部农业区极端最大降水量为全省次多区,互助最多(87.7 mm);柴达木盆地极端最大降水量为全省最少区,冷湖仅为 4.2 mm。

2.5.11　11 月极端最大降水量

1961—2019 年,青海省 11 月极端最大降水量总体呈北少南多趋势(图 2.15),其中,东部农业区的湟源、互助、湟中和柴达木盆地的德令哈、都兰极端最大降水量在 30 mm 以上,湟中为全省最多(41.8 mm);柴达木盆地极端最大降水量为全省最少区,冷湖仅为 0.9 mm。

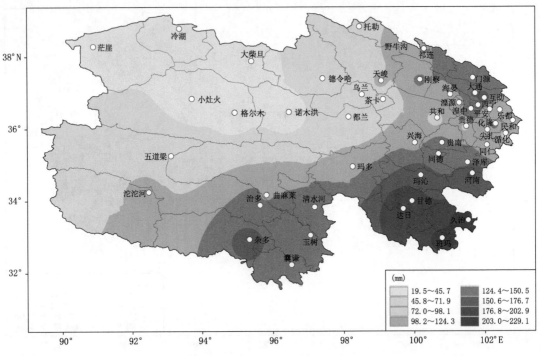

图 2.13　1961—2019 年青海省 9 月极端最大降水量空间分布

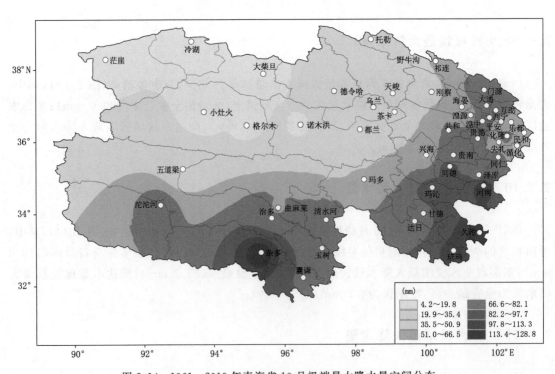

图 2.14　1961—2019 年青海省 10 月极端最大降水量空间分布

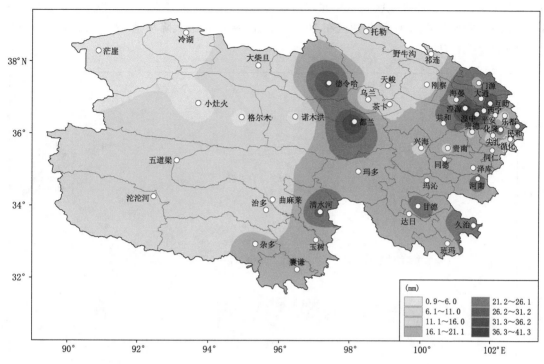

图 2.15 1961—2019 年青海省 11 月极端最大降水量空间分布

2.5.12 12 月极端最大降水量

1961—2019 年,青海省 12 月极端最大降水量总体呈西北少,东南多趋势(图 2.16),其中,青南牧区的杂多、玉树、清水河、甘德和班玛极端最大降水量在 14 mm 以上,杂多为全省最多(22.7 mm);柴达木盆地极端最大降水量为全省最少区,茫崖仅为 2.3 mm。

2.6 各月极端日最大降水量

2.6.1 1 月极端日最大降水量

1961—2019 年,青海省 1 月极端日最大降水量总体呈北少南多趋势(图 2.17),其中,海西大部、祁连山地区及环青海湖部分地区及东部农业区大部地区极端日最大降水量在 5 mm 以下;青南地区普遍在 5 mm 以上,玉树大部地区在 10 mm 以上,极端日最大降水量 18.5 mm 出现在杂多(2008 年 1 月 24 日)。

2.6.2 2 月极端日最大降水量

1961—2019 年,青海省 2 月极端日最大降水量总体呈西北少,东南多趋势(图 2.18),其中,海西大部、祁连山部分地区及玉树北部地区极端日最大降水量在 5 mm 以下;其余地区在 5 mm 以上,果洛南部、玉树部分地区在 10 mm 以上,极端日最大降水量 13.5 mm 出现在杂多(2014 年 2 月 16 日)。

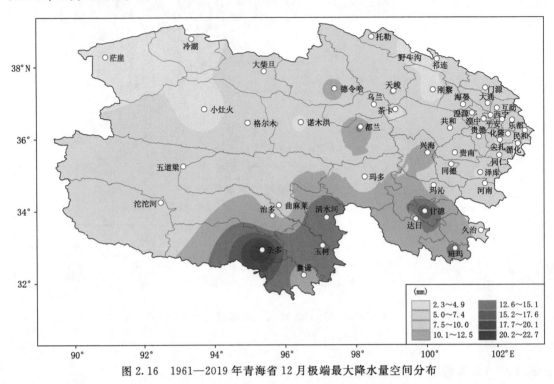

图 2.16 1961—2019 年青海省 12 月极端最大降水量空间分布

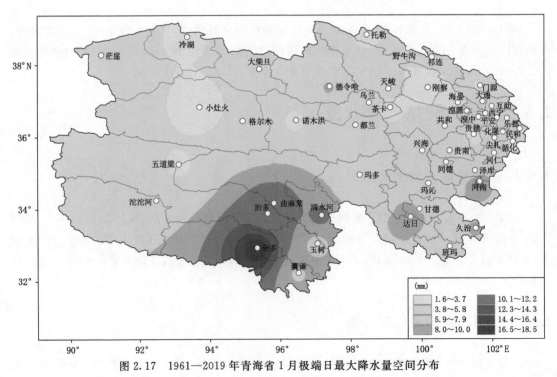

图 2.17 1961—2019 年青海省 1 月极端日最大降水量空间分布

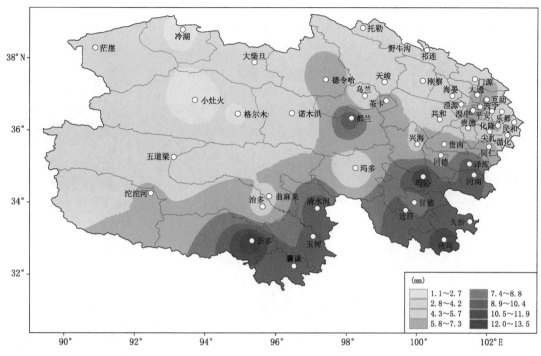

图 2.18 1961—2019 年青海省 2 月极端日最大降水量空间分布

2.6.3 3 月极端日最大降水量

1961—2019 年,青海省 3 月极端日最大降水量总体呈西少东多趋势(图 2.19),其中,海西大部、玉树北部及环青海湖部分地区极端日最大降水量在 10 mm 以下;其余地区在 10 mm 以上,极端日最大降水量 23.3 mm 出现在贵南(2016 年 3 月 22 日),其次是 21.7 mm,出现在湟中(1990 年 3 月 26 日)。

2.6.4 4 月极端日最大降水量

1961—2019 年,青海省 4 月极端日最大降水量总体呈西少东多趋势(图 2.20),其中,海西中西部极端日最大降水量在 10 mm 以下;环青海湖地区、东部农业区及青南牧区部分地区在 20 mm 以上;其余地区在 10~20 mm,极端日最大降水量 49.3 mm 出现在互助(1964 年 4 月 19 日),其次是 42.1 mm,出现在湟中(1997 年 4 月 23 日)。

2.6.5 5 月极端日最大降水量

1961—2019 年,青海省 5 月极端日最大降水量总体呈西少东多趋势(图 2.21),其中,海西中西部极端日最大降水量在 20 mm 以下;环青海湖地区、东部农业区及青南牧区部分地区在 30 mm 以上;其余地区在 10~30 mm,极端日最大降水量 50.7 mm 出现在西宁(1998 年 5 月

20 日),其次是 49.4 mm,出现在贵南(1972 年 5 月 10 日)。

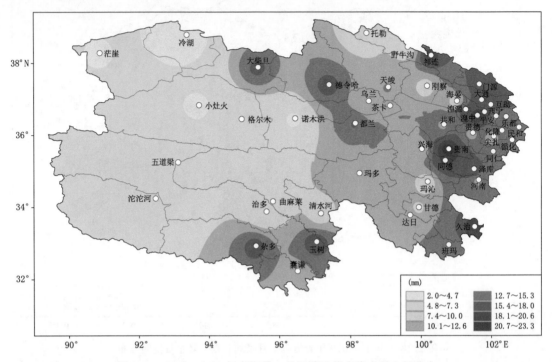

图 2.19　1961—2019 年青海省 3 月极端日最大降水量空间分布

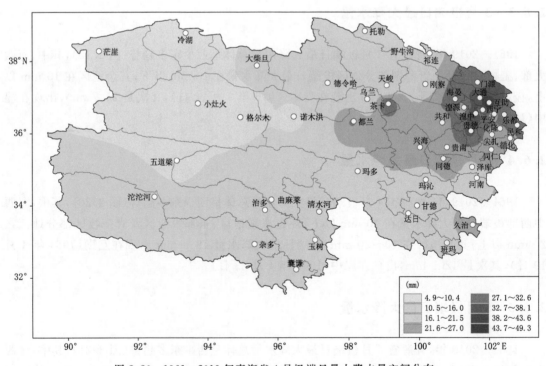

图 2.20　1961—2019 年青海省 4 月极端日最大降水量空间分布

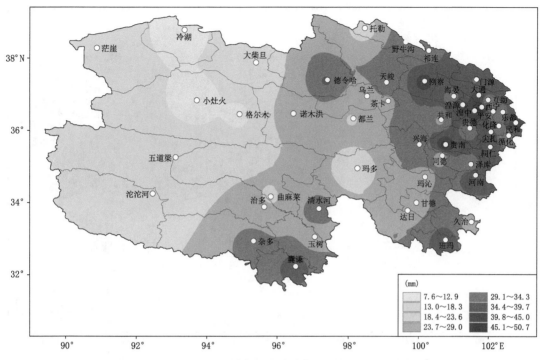

图 2.21　1961—2019 年青海省 5 月极端日最大降水量空间分布

2.6.6　6 月极端日最大降水量

1961—2019 年,青海省 6 月极端日最大降水量总体呈西少东多趋势(图 2.22),其中,海西中西部及祁连山西段极端日最大降水量在 30 mm 以下;其余地区在 30 mm 以上,其中,海西东部、海南大部、黄南南部、农业区部分地区在 40 mm 以上,极端日最大降水量 70.5 mm 出现在茶卡(2013 年 6 月 19 日),其次是 59.6 mm,出现在河南(1987 年 6 月 20 日)。

2.6.7　7 月极端日最大降水量

1961—2019 年,青海省 7 月极端日最大降水量总体呈西北少,东南多趋势(图 2.23),其中,东部农业区的尖扎、民和等极端日最大降水量普遍在 60 mm 以上,尖扎为全省最多(75.5 mm),民和为全省次多(67.6 mm);柴达木盆地普遍在 45 mm 以下,小灶火为全省最少(12.8 mm)。

2.6.8　8 月极端日最大降水量

1961—2019 年,青海省 8 月极端日最大降水量总体呈西少东多趋势(图 2.24),其中,东部农业区的大通和柴达木盆地的德令哈等极端日最大降水量普遍在 70 mm 以上,大通为全省最多(119.9 mm),德令哈为全省次多(84.0 mm);西部地区极端日最大降水量普遍在 40 mm 以下,小灶火为全省最少(12.7 mm)。

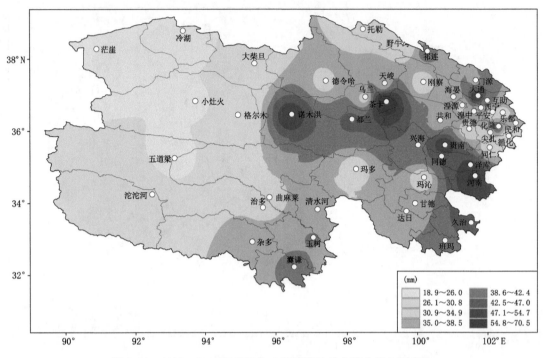

图 2.22　1961—2019 年青海省 6 月极端日最大降水量空间分布

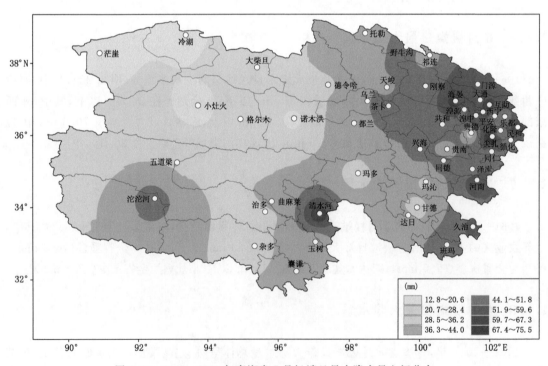

图 2.23　1961—2019 年青海省 7 月极端日最大降水量空间分布

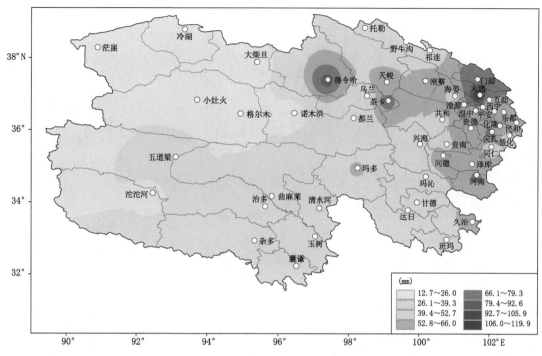

图 2.24　1961—2019 年青海省 8 月极端日最大降水量空间分布

2.6.9　9 月极端日最大降水量

1961—2019 年,青海省 9 月极端日最大降水量总体呈西少东多趋势(图 2.25),其中,东部农业区的同仁、化隆等极端日最大降水量普遍在 60 mm 以上,同仁为全省最多(76.1 mm),化隆为全省次多(62.5 mm);柴达木盆地极端日最大降水量普遍在 30 mm 以下,冷湖为全省最少(11.3 mm)。

2.6.10　10 月极端日最大降水量

1961—2019 年,青海省 10 月极端日最大降水量总体呈北少南多趋势(图 2.26),其中,青南地区的沱沱河、泽库等极端日最大降水量普遍在 30 mm 以上,沱沱河为全省最多(50.2 mm),泽库为全省次多(33.4 mm);柴达木盆地极端日最大降水量普遍在 15 mm 以下,冷湖为全省最少(2.5 mm)。

2.6.11　11 月极端日最大降水量

1961—2019 年,青海省 11 月极端日最大降水量总体呈西少东多趋势(图 2.27),其中,东部农业区的湟中和青南地区的河南等极端日最大降水量普遍在 13 mm 以上,湟中为全省最多(25.7 mm),河南为全省次多(15.7 mm);柴达木盆地极端日最大降水量普遍在 4 mm 以下,冷湖为全省最少(0.9 mm)。

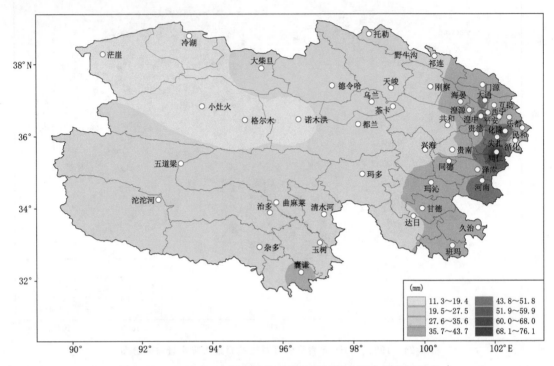

图 2.25　1961—2019 年青海省 9 月极端日最大降水量空间分布

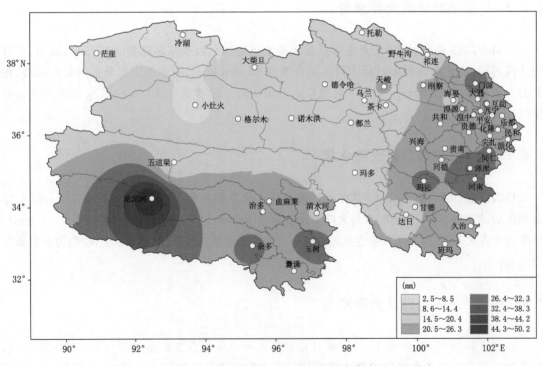

图 2.26　1961—2019 年青海省 10 月极端日最大降水量空间分布

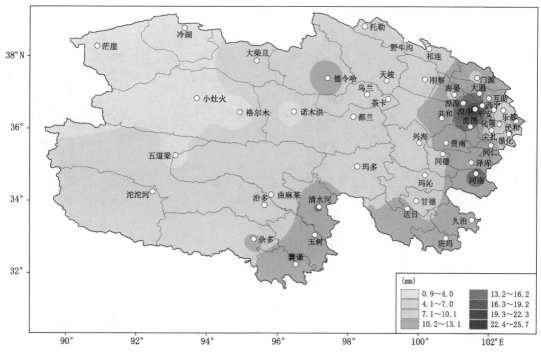

图 2.27　1961—2019 年青海省 11 月极端日最大降水量空间分布

2.6.12　12 月极端日最大降水量

1961—2019 年,青海省 12 月极端日最大降水量总体呈北少南多趋势(图 2.28),其中,青南地区的杂多、清水河等极端日最大降水量普遍在 10 mm 以上,杂多为全省最多(15.7 mm),清水河为全省次多(12.7 mm);柴达木盆地极端日最大降水量普遍在 3 mm 以下,冷湖为全省最少(1.4 mm)。

2.7　日降水量大于等于 25 mm 的年平均日数

1961—2019 年,青海省日降水量大于等于 25 mm 的年平均日数普遍较少,总体呈西少东多趋势(图 2.29),其中,青南牧区的久治、河南及东部农业区的大通、互助、湟源在 1.5 d 以上,湟中为全省最多(2.2 d);全省有 20 个站日降水量大于等于 25 mm 的年平均日数大于等于 1 d;柴达木盆地为全省最低区,茫崖、冷湖、小灶火未出现过 25 mm 及以上降水。

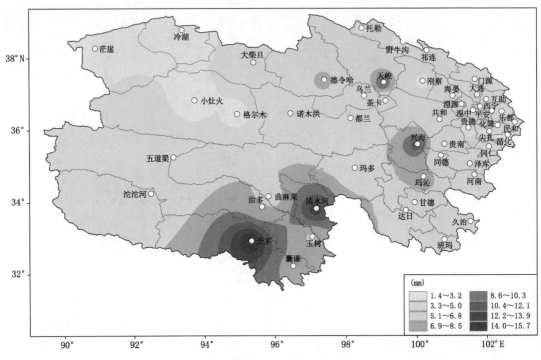

图 2.28　1961—2019 年青海省 12 月极端日最大降水量空间分布

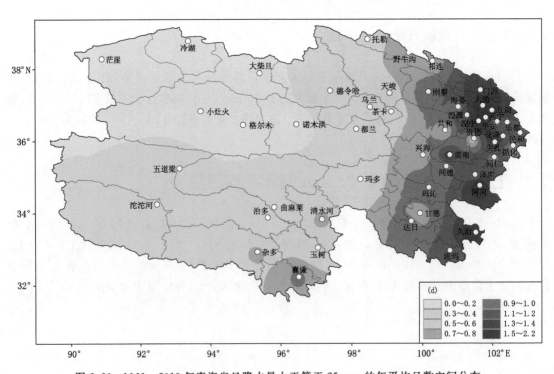

图 2.29　1961—2019 年青海省日降水量大于等于 25 mm 的年平均日数空间分布

第 3 章　气象灾害特征

3.1　雪灾

1961—2019 年,青海省年平均雪灾次数为 14 次,总体呈微弱增加趋势,平均每 10 年增加 0.5 次(图 3.1a),20 世纪 80—90 年代平均雪灾次数偏多,与 1961—1979 年平均相比偏多 33%,与 2000—2019 年平均相比偏多 20%。从空间分布来看,雪灾次数总体呈中部多,东西两侧少趋势(图 3.1b),其中,雪灾高发区在青南地区一带,雪灾次数在 46～89 次,清水河雪灾

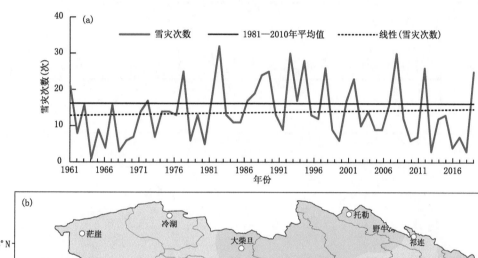

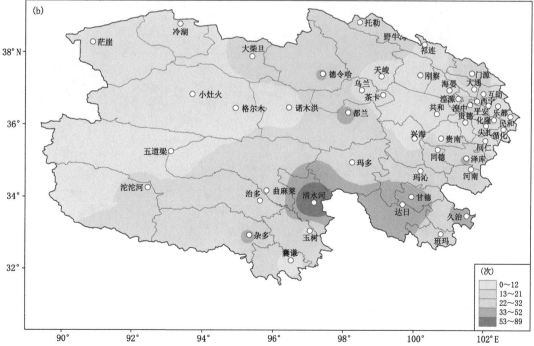

图 3.1　1961—2019 年青海省年雪灾次数变化(a)及雪灾次数空间分布(b)

出现次数为全省最多(89 次),达日、甘德、久治、都兰、泽库、德令哈、杂多、河南、湟中为雪灾次多区,雪灾发生次数在 32～53 次,海西西部、玉树西部及东部农业区为雪灾发生次数最少区,雪灾发生次数在 0～27 次,小灶火、格尔木、贵德、平安、循化等历史上无雪灾发生(图 3.1b)。

3.2 干旱

1961—2019 年,青海省年平均干旱发生日数为 46.8 d,总体呈减少趋势,平均每 10 年减少 3.5 d(图 3.2a),其中,2015 年为干旱发生日数最多年(108.3 d),1967 年为干旱发生日数最少年(14.5 d)。从空间分布来看,平均干旱日数总体呈西少东多趋势(图 3.2b),其中,干旱高发区分布在东部农业区,干旱日数在 38～76 d,循化为全省干旱发生日数最多(76 次);海西地区多为干旱及半干旱区,少有干旱发生,干旱发生日数在 30～45 d。

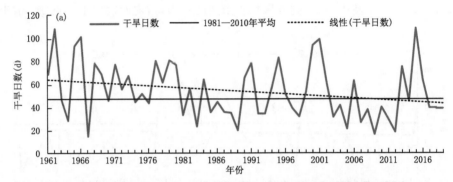

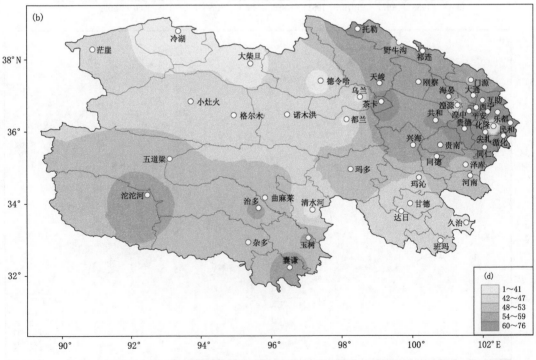

图 3.2 1961—2019 年青海省年干旱日数变化(a)及干旱日数空间分布(b)

3.3　暴雨

　　1961—2019 年,青海省年平均暴雨日数为 36 d,总体呈增加趋势,平均每 10 年增加 2.3 d (图 3.3a),尤其 2003 年以来,暴雨日数持续偏多,与 1961—2002 年平均相比,2003—2019 年暴雨日数偏多 6 d。从空间分布来看,平均暴雨发生日数总体呈西少东多的趋势(图 3.3b),其中,暴雨高发区主要分布在青海省东北部地区,暴雨发生日数在 32~130 d,湟中为全省暴雨发生日数最多(130 d);海西西部为暴雨发生日数最少的地区,暴雨发生日数在 0~33 d,茫崖、冷湖、小灶火历史上无暴雨发生。

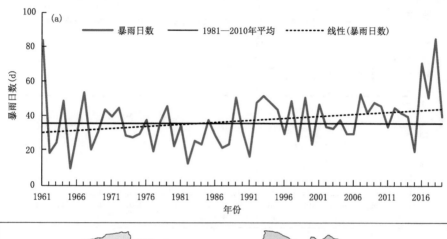

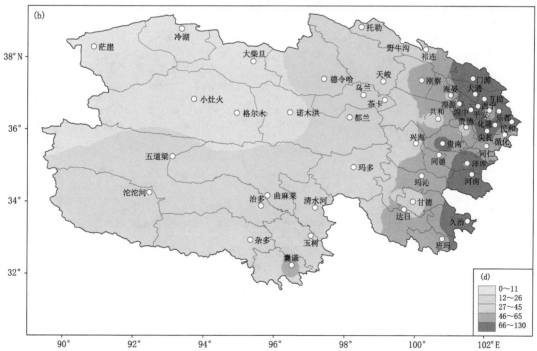

图 3.3　1961—2019 年青海省年暴雨日数变化(a)及暴雨日数空间分布(b)

3.4　冰雹

　　1961—2019 年,青海省年平均冰雹发生次数为 326.4 次,总体呈减少趋势,平均每 10 年减少 47 次(图 3.4a),其中,1983 年为冰雹发生次数最多年(536 次),2019 年为冰雹发生次数最少年(93 次)。从空间分布来看,年平均冰雹发生次数总体呈北少南多趋势(图 3.4b),其中,冰雹高发区分布在玉树和果洛地区,冰雹发生次数在 13.5~16.5 次,久治为全省冰雹发生次数最多(16.6 次);海西地区为冰雹发生次数最少的地区,冰雹发生次数在 0.3~2.2 次,冷湖、小灶火、格尔木、诺木洪、乌兰发生冰雹次数均不到 1 次。

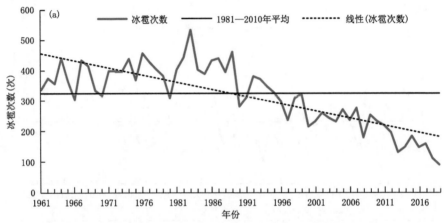

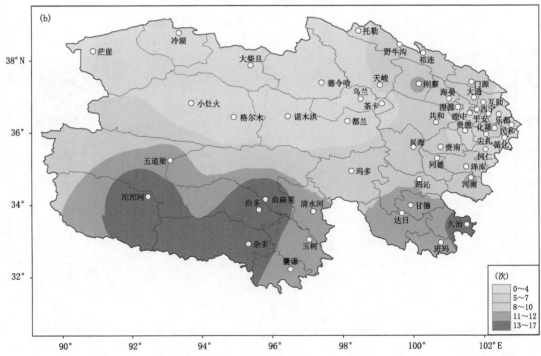

图 3.4　1961—2019 年青海省年冰雹次数变化(a)及冰雹次数空间分布(b)

3.5　沙尘暴

　　1961—2019 年,青海省年平均沙尘暴发生次数为 138.1 次,总体呈减少趋势,平均每 10 年减少 43.8 次(图 3.5a),1991 年以来,沙尘暴发生次数减少尤为显著,1992—2019 年沙尘暴发生次数较 1961—1991 年偏少 66%。从空间分布来看,年均沙尘暴发生次数总体呈西多东少趋势(图 3.5b),其中,沙尘暴高发区主要分布在海西西部、玉树西部以及环青海湖一带,沙尘暴发生次数在 5.4~10.2 次,刚察为全省沙尘暴发生次数最多(10.2 次);东部农业区以及果洛地区为沙尘暴发生次数最少的地区,在 0.1~2.3 次,久治为发生次数最少(0.1 次)。

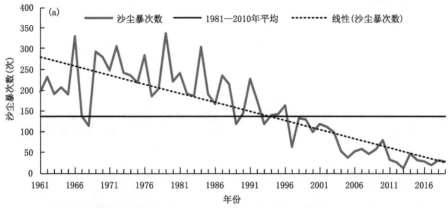

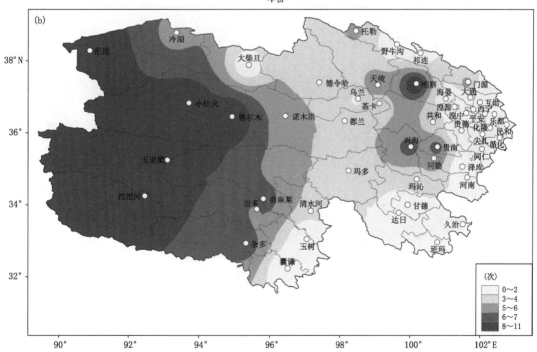

图 3.5　1961—2019 年青海省年沙尘暴次数变化(a)及沙尘暴次数空间分布(b)

3.6　大风

1961—2019 年,青海省年平均大风次数为 1753.3 次,总体呈减少趋势,平均每 10 年减少 173.1 次(图 3.6a),1988 年以来,大风发生次数减少尤为显著,1989—2019 年大风发生次数与 1961—1988 年相比,偏少 31.2%。从空间分布来看,平均大风次数总体呈西多东少趋势(图 3.6b),其中,大风高发区在唐古拉山一带,大风次数在 83.6~147.5 次,沱沱河为全省大风发生次数最多(147.5 次),托勒、清水河、茫崖、达日、曲麻莱、五道梁为大风发生次数次多(63~122 次);东部农业区及祁连山东段为大风发生次数最少的地区,在 2.1~6.3 次,平安为全省发生次数最少(2.1 次)。

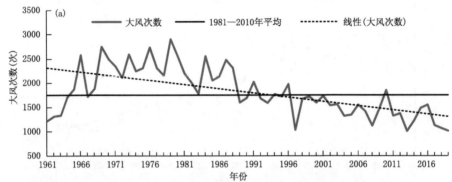

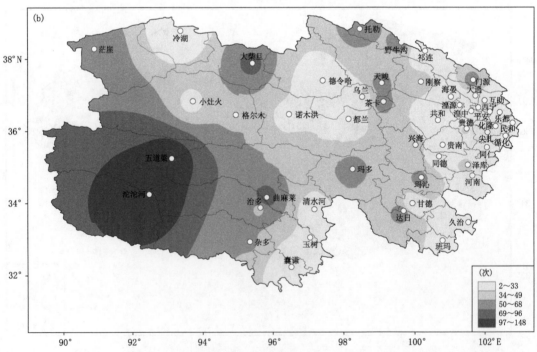

图 3.6　1961—2019 年青海省年大风次数变化(a)及大风次数空间分布(b)

3.7　雷电

1961—2019 年,青海省年平均闪电日数为 61.4 d,总体呈减少趋势,平均每 10 年减少 0.2 d (图 3.7a),其中,2017 年为闪电日数最多年(85 d),2008 年为闪电日数最少年(54 d)。从空间分布来看,年均闪电日数总体呈北少南多趋势(图 3.7b),其中,平均闪电高发区在玉树、果洛地区,闪电日数在 75.5~119 d,杂多为全省年均闪电日数最多(119 d);东部农业区部分地区及茫崖、冷湖、大柴旦为闪电日数最少的地区,在 2~34.8 d,冷湖为全省闪电日数最少(2 d)。

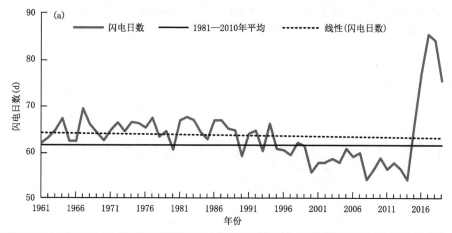

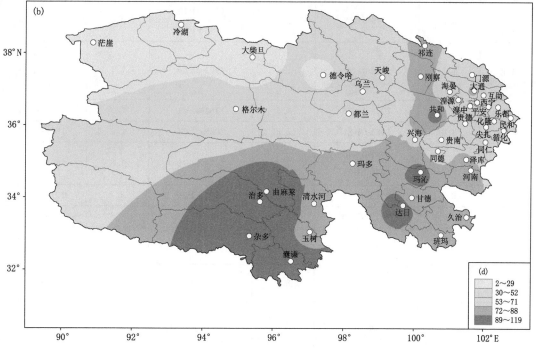

图 3.7　1961—2019 年青海省年闪电日数变化(a)及闪电日数空间分布(b)

附表1　1—12月各气象站极端日降水量历史前3位和出现时间统计

附表1.1　1月极端日降水量历史前3位和出现时间

站名	第1极值和出现时间		第2极值和出现时间		第3极值和出现时间	
	降水量 (mm)	出现时间 (年-月-日)	降水量 (mm)	出现时间 (年-月-日)	降水量 (mm)	出现时间 (年-月-日)
西宁	3.7	1995-01-18	3.0	1957-01-11 1998-01-10	1.9	1991-01-20
大通	7.4	1957-01-11	4.4	2009-01-25	2.9	1983-01-31
湟中	5.4	1995-01-18	4.2	1996-01-24	3.8	1971-01-23
湟源	4.2	1957-01-11	2.8	1998-01-10	1.9	1991-01-20
平安	4.9	1995-01-18	1.8	2002-01-29	1.6	2019-01-20
互助	4.5	1998-01-10	3.6	1957-01-11	3.4	1981-01-23
乐都	4.9	1995-01-18	2.0	1983-01-31	1.9	2002-01-19
化隆	4.8	1983-01-31	3.2	1981-01-23	2.8	1974-01-16
民和	6.2	1995-01-18	3.5	1974-01-16 1983-01-31	2.4	1978-01-15
循化	1.7	2008-01-27	1.5	1993-01-09	1.4	2008-01-24 2008-01-26 2013-01-20
同仁	6.0	2008-01-24	4.5	1964-01-24	4.3	2015-01-05
尖扎	4.0	1983-01-31	2.6	2008-01-24	2.5	1991-01-30
贵德	2.0	1957-01-10 2008-01-24	1.9	2016-01-10	1.8	1971-01-18
门源	3.4	2016-01-22	3.0	2004-01-20	2.7	1977-01-13
祁连	4.1	2019-01-20	2.7	1981-01-23	2.6	2009-01-02
野牛沟	3.7	2012-01-14	3.0	1977-01-27	2.8	1977-01-28 2017-01-29
托勒	3.4	1989-01-09 2019-01-18	3.2	2017-01-28	2.1	2015-01-04
刚察	2.4	2002-01-17 2018-01-30	2.2	1977-01-13	2.0	2019-01-27
天峻	4.3	1994-01-30	2.3	1999-01-09	1.9	1991-01-20 2002-01-15 2008-01-25

续表

站名	第 1 极值和出现时间		第 2 极值和出现时间		第 3 极值和出现时间	
	降水量 （mm）	出现时间 （年-月-日）	降水量 （mm）	出现时间 （年-月-日）	降水量 （mm）	出现时间 （年-月-日）
共和	6.3	1995-01-18	3.1	2019-01-15	2.2	1953-01-25
贵南	3.9	2017-01-01	3.8	1964-01-24	3.7	2008-01-24
海晏	2.4	2015-01-17	2.2	1957-01-11	1.6	2009-01-20
德令哈	8.2	1994-01-31	6.0	2002-01-15	5.9	1989-01-10
乌兰	5.2	2019-01-27	5.1	1998-01-09	3.8	2015-01-31
大柴旦	6.2	2008-01-12	5.1	1989-01-09	4.2	1959-01-28
茫崖	4.6	1989-01-09	4.1	2019-01-17	3.6	2008-01-19
冷湖	3.3	2008-01-11	2.5	2008-01-19	2.3	1959-01-06
茶卡	2.5	1998-01-09	2.4	1995-01-18 2002-01-15	2.3	1968-01-30 2019-01-27
格尔木	4.0	2015-01-17	2.5	1956-01-04	1.9	1998-01-10
都兰	5.4	2009-01-20	4.7	2002-01-19	4.5	1957-01-25 1998-01-10
小灶火	1.6	1998-01-06 1998-01-10	1.4	2015-01-17	1.3	1980-01-27 1995-01-21
诺木洪	3.2	1998-01-10	2.2	2019-01-04	1.7	1995-01-01 1996-01-18
泽库	5.8	2015-01-05	4.8	1983-01-31 1993-01-09 2008-01-24	3.7	1964-01-24
河南	11.2	2015-01-05	8.8	1993-01-09	6.2	1994-01-31
兴海	6.3	1995-01-18	4.9	2008-01-24	3.0	1981-01-23
同德	5.5	2008-01-24	4.0	1993-01-08	3.4	1985-01-28
玛沁	7.6	1993-01-09	6.6	2008-01-24	4.9	2008-01-25
达日	8.9	2015-01-05	5.8	1958-01-30 1981-01-20	5.5	1996-01-17
甘德	7.9	1991-01-02	5.9	2015-01-05	5.3	1990-01-29
玛多	4.6	2018-01-02	3.8	1959-01-30	3.1	1994-01-16
班玛	5.4	2011-01-17	5.2	2015-01-05	5.1	2008-01-21
久治	8.1	1994-01-17	6.9	2015-01-05	6.2	1994-01-31
玉树	7.2	1957-01-31	5.8	1961-01-22	5.2	2001-01-05
清水河	10.5	1994-01-16	9.5	1991-01-02	8.4	1959-01-31
治多	11.1	2008-01-24	6.6	1993-01-08	5.4	1996-01-16 2014-01-19

续表

站名	第1极值和出现时间		第2极值和出现时间		第3极值和出现时间	
	降水量（mm）	出现时间（年-月-日）	降水量（mm）	出现时间（年-月-日）	降水量（mm）	出现时间（年-月-日）
囊谦	7.7	1994-01-31	7.0	1994-01-17	6.8	1973-01-30 2001-01-24
曲麻莱	11.8	2008-01-24	8.3	2019-01-24	5.8	1957-01-10
杂多	18.5	2008-01-24	8.5	1994-01-16	8.4	1991-01-02
五道梁	3.0	1988-01-12	1.7	1982-01-11	1.5	2012-01-10
沱沱河	7.6	1985-01-01	5.8	1985-01-06	2.5	2000-01-14

附表1.2　2月极端日降水量历史前3位和出现时间

站名	第1极值和出现时间		第2极值和出现时间		第3极值和出现时间	
	降水量（mm）	出现时间（年-月-日）	降水量（mm）	出现时间（年-月-日）	降水量（mm）	出现时间（年-月-日）
西宁	5.9	1976-02-21	5.2	1988-02-23	4.9	1976-02-20
大通	5.9	1982-02-02	5.8	1976-02-21	3.5	1959-02-27 1977-02-13
湟中	8.4	1976-02-21	5.7	2008-02-25	5.5	1976-02-20 2005-02-17
湟源	3.7	1976-02-21	3.5	1976-02-20	3.4	2009-02-26
平安	3.3	1993-02-20	2.4	1993-02-08	2.3	2008-02-25
互助	8.4	1976-02-21	7.7	1959-02-27	6.0	1993-02-20
乐都	3.0	1993-02-20 2016-02-12	2.9	1976-02-21	2.8	2008-02-25
化隆	6.8	1976-02-21	5.8	1959-02-27 2013-02-18	4.7	1993-02-20
民和	5.9	1993-02-20	5.3	2017-02-21	4.5	2013-02-18
循化	2.2	1974-02-13 1997-02-23	1.8	1972-02-16	1.6	1987-02-20
同仁	6.9	1993-02-08 2013-02-18	5.0	1980-02-26	4.9	2017-02-22
尖扎	3.8	1959-02-06	3.0	1996-02-28	2.8	1976-02-21
贵德	1.7	2001-02-27	1.4	1959-02-27 2019-02-24	1.3	1959-02-06 1978-02-09 1988-02-28
门源	5.2	1982-02-15	4.3	1999-02-17	4.0	1990-02-17
祁连	4.2	2009-02-01	3.1	1980-02-17	2.5	2012-02-29

续表

站名	第1极值和出现时间		第2极值和出现时间		第3极值和出现时间	
	降水量（mm）	出现时间（年-月-日）	降水量（mm）	出现时间（年-月-日）	降水量（mm）	出现时间（年-月-日）
野牛沟	4.2	2003-02-09	4.1	1987-02-11	3.7	2015-02-27
托勒	5.5	2003-02-09	3.8	1980-02-17	2.5	1987-02-11
刚察	4.9	2019-02-24	3.6	2011-02-18	3.5	1996-02-29
天峻	4.0	2009-02-26	3.3	1959-02-16	3.1	2011-02-18
共和	5.2	1959-02-06	4.4	1980-02-26	4.2	1966-02-11
贵南	6.3	2017-02-22	5.2	2002-02-26	4.7	2011-02-17
海晏	4.3	1982-02-02	3.6	1990-02-17	3.2	1988-02-26
德令哈	7.1	2011-02-18	7.0	2009-02-26	6.6	2017-02-21
乌兰	4.0	2015-02-24	3.7	1999-02-25	3.0	2007-02-17 2007-02-27
大柴旦	4.1	1995-02-22	3.6	1988-02-23	3.1	1972-02-14
茫崖	4.1	2010-02-10	2.5	1974-02-04	2.2	2005-02-14
冷湖	2.4	1995-02-21	0.8	1969-02-02	0.7	2015-02-23
茶卡	7.3	2009-02-26	5.5	1961-02-04	4.7	1982-02-02
格尔木	2.4	2011-02-09	2.1	1972-02-02	2.0	2017-02-10
都兰	10.1	1954-02-16	9.1	1960-02-03 1973-02-12	8.7	1982-02-02
小灶火	1.1	1972-02-02	0.9	1999-02-25	0.8	1973-02-28 2017-02-10
诺木洪	2.7	2017-02-10	2.5	2015-02-23	2.4	1992-02-01 2015-02-24
泽库	9.8	2013-02-18	7.9	1990-02-17	7.1	1980-02-26
河南	10.0	2013-02-18	9.8	1991-02-28	7.7	1972-02-04
兴海	5.3	1976-02-11	4.8	2013-02-18	4.5	1972-02-15
同德	6.6	2012-02-09	5.4	1989-02-20 2007-02-16	5.2	1964-02-07 2013-02-18
玛沁	12.4	1991-02-28	5.8	1977-02-06	3.9	1991-02-19 2013-02-18
达日	9.8	1988-02-25	6.7	2013-02-18	6.6	2019-02-02
甘德	7.6	1988-02-25	7.0	2014-02-17	6.1	2019-02-26
玛多	3.5	1983-02-15	3.4	1954-02-14	3.3	2001-02-25
班玛	11.3	1987-02-28	11.2	1999-02-27	10.6	1979-02-09
久治	10.1	2014-02-17	8.1	1989-02-20 1994-02-23	7.9	2017-02-22

续表

站名	第1极值和出现时间		第2极值和出现时间		第3极值和出现时间	
	降水量 (mm)	出现时间 (年-月-日)	降水量 (mm)	出现时间 (年-月-日)	降水量 (mm)	出现时间 (年-月-日)
玉树	9.1	1972-02-04	7.7	1976-02-26	6.2	1977-02-07
清水河	9.9	2014-02-16	9.4	1987-02-28	8.7	2019-02-09
治多	5.0	1995-02-16	4.1	1987-02-28	3.4	2006-02-16
囊谦	8.9	1999-02-27	7.2	1996-02-20	7.1	1972-02-04
曲麻莱	5.4	1982-02-02	4.8	2000-02-18	3.4	2012-02-29 2013-02-02
杂多	13.5	2014-02-16	8.9	2019-02-09	8.2	2013-02-18
五道梁	4.3	2011-02-16	3.9	1998-02-25	3.3	2012-02-09
沱沱河	6.0	2012-02-09	2.7	1988-02-29 2007-02-15	2.6	1962-02-27 1998-02-26

附表1.3   3月极端日降水量历史前3位和出现时间

站名	第1极值和出现时间		第2极值和出现时间		第3极值和出现时间	
	降水量 (mm)	出现时间 (年-月-日)	降水量 (mm)	出现时间 (年-月-日)	降水量 (mm)	出现时间 (年-月-日)
西宁	19.1	1990-03-26	15.6	1981-03-23	14.3	1997-03-28
大通	15.2	1981-03-23	15.0	1997-03-28	14.1	2009-03-21
湟中	21.7	1990-03-26	11.9	1978-03-13	11.5	2016-03-23
湟源	16.5	2016-03-22	12.2	2017-03-12	10.1	1990-03-26
平安	12.0	2016-03-21	10.1	1990-03-26	9.3	1995-03-24
互助	16.9	2016-03-24	13.6	2009-03-21	13.0	1990-03-26
乐都	15.6	2008-03-20	10.2	2016-03-24	8.9	2007-03-15
化隆	14.9	1981-03-23	10.9	1968-03-28	10.8	1996-03-23
民和	14.4	2007-03-15	11.0	2008-03-20	10.1	1995-03-24
循化	15.1	2008-03-20	8.0	2003-03-31	4.9	1971-03-06
同仁	13.7	1971-03-06	12.3	1986-03-27	12.1	1998-03-31
尖扎	9.8	2008-03-20	9.0	1964-03-21	7.7	1964-03-18
贵德	11.1	2016-03-17	10.5	1961-03-24	9.6	2018-03-19
门源	16.9	1981-03-23	13.6	2005-03-01	13.5	2008-03-20
祁连	19.8	2016-03-16	9.8	2002-03-27	7.2	1959-03-19
野牛沟	7.3	2004-03-25	6.9	1981-03-23	5.6	2008-03-19
托勒	6.1	2007-03-02	5.5	1998-03-08	4.6	2017-03-19
刚察	8.3	1998-03-08	5.1	1998-03-10	4.9	1985-03-28 1993-03-16

站名	第1极值和出现时间		第2极值和出现时间		第3极值和出现时间	
	降水量 （mm）	出现时间 （年-月-日）	降水量 （mm）	出现时间 （年-月-日）	降水量 （mm）	出现时间 （年-月-日）
天峻	12.8	1993-03-17	12.3	2016-03-22	6.7	2004-03-20
共和	12.2	1990-03-26	9.2	1982-03-27 2016-03-22	9.0	2005-03-22
贵南	23.3	2016-03-22	11.8	1993-03-27	9.6	1996-03-23
海晏	7.4	1996-03-11	7.1	1981-03-23	7.0	1998-03-06
德令哈	16.8	2007-03-03	14.2	1993-03-28	11.0	1970-03-31
乌兰	10.1	2017-03-19	9.7	1989-03-24	6.9	1987-03-18
大柴旦	16.0	2017-03-13	9.9	1996-03-31	8.0	2003-03-31
茫崖	4.5	1998-03-20	4.1	2005-03-21	3.9	1977-03-29
冷湖	2.0	1974-03-22	1.8	2010-03-03	1.6	1990-03-25
茶卡	12.6	1990-03-26	9.9	2016-03-22	9.1	1970-03-31
格尔木	6.1	1987-03-09	5.7	1985-03-24	2.6	1968-03-07
都兰	15.5	1978-03-13	8.9	1997-03-18	8.0	1957-03-03
小灶火	3.9	1974-03-22	3.2	2010-03-02	2.1	1986-03-20
诺木洪	3.9	2017-03-12 2018-03-05	2.8	2017-03-13	2.1	2019-03-07
泽库	18.0	1990-03-27	10.0	2019-03-22	8.1	1959-03-28
河南	12.0	1990-03-27	10.8	1994-03-16	10.1	2016-03-17
兴海	10.3	1990-03-26	10.0	2016-03-22	7.5	1982-03-27 2017-03-12
同德	18.2	2016-03-22	13.6	1998-03-24	9.9	1990-03-27
玛沁	7.4	2017-03-12	7.3	1998-03-24	6.7	1959-03-30 1997-03-14
达日	12.2	2014-03-22	11.6	2016-03-29	11.0	1998-03-25
甘德	9.3	2005-03-25	8.4	2011-03-20	8.1	1997-03-14
玛多	11.1	2007-03-15	7.9	1969-03-21	7.7	1990-03-25
班玛	13.6	1978-03-31	13.2	2018-03-31	12.4	2016-03-29
久治	19.5	2016-03-29	14.0	1970-03-03	13.5	1996-03-31
玉树	17.6	2005-03-25	16.4	2009-03-29	14.8	2006-03-12
清水河	8.4	2006-03-12	7.6	2011-03-20	7.0	1984-03-20
治多	6.9	1989-03-29	6.5	1980-03-23	6.2	2011-03-20
囊谦	11.8	2006-03-17	11.3	1998-03-25	10.4	2013-03-18
曲麻莱	7.4	1958-03-31	7.3	2018-03-18	6.6	2018-03-24
杂多	16.8	2006-03-12	14.2	2016-03-29	10.0	2012-03-09

站名	第1极值和出现时间		第2极值和出现时间		第3极值和出现时间	
	降水量（mm）	出现时间（年-月-日）	降水量（mm）	出现时间（年-月-日）	降水量（mm）	出现时间（年-月-日）
五道梁	6.9	1997-03-30 2000-03-24	5.2	2018-03-18	4.4	1958-03-31
沱沱河	5.5	1967-03-24	5.0	2017-03-11	3.5	1996-03-23

附表 1.4　4 月极端日降水量历史前 3 位和出现时间

站名	第1极值和出现时间		第2极值和出现时间		第3极值和出现时间	
	降水量（mm）	出现时间（年-月-日）	降水量（mm）	出现时间（年-月-日）	降水量（mm）	出现时间（年-月-日）
西宁	25.5	1997-04-23	20.4	1964-04-19	20.0	1981-04-17
大通	38.2	1964-04-19	34.1	2014-04-18	25.8	2002-04-04
湟中	42.1	1997-04-23	26.1	2002-04-04	25.9	2012-04-30
湟源	23.1	2002-04-04	22.4	2016-04-15	21.0	1985-04-11
平安	22.4	1997-04-23	21.7	2009-04-30	15.0	2004-04-25
互助	49.3	1964-04-19	22.8	1998-04-30	21.8	2002-04-04
乐都	29.6	1964-04-19	27.6	2009-04-30	17.1	1975-04-18
化隆	25.5	2012-04-30	23.0	2009-04-30	17.6	1970-04-21
民和	28.5	2008-04-20	22.1	2014-04-16	21.8	2009-04-30
循化	25.0	2016-04-23	21.7	2012-04-30	17.0	2009-04-30
同仁	26.3	2004-04-25	24.9	2018-04-30	23.6	1976-04-19
尖扎	23.7	2012-04-09	17.2	2004-04-25	16.0	2012-04-30
贵德	34.0	2016-04-15	26.9	1998-04-30	23.9	2004-04-25
门源	28.8	1964-04-19	26.4	2018-04-23	24.9	2017-04-15
祁连	16.8	2019-04-28	14.0	1964-04-15	13.9	2019-04-29
野牛沟	16.5	1964-04-27	15.9	1970-04-21	10.9	2008-04-20
托勒	12.6	2015-04-30	9.1	1966-04-24	7.9	2018-04-22
刚察	16.2	1977-04-25	14.4	1963-04-21	13.6	1985-04-11
天峻	14.9	1990-04-28	12.7	2017-04-26	12.5	1989-04-29
共和	22.6	2005-04-01	20.0	2018-04-23	19.8	2012-04-30
贵南	24.9	2016-04-15	22.1	1998-04-30	21.9	2004-04-25
海晏	27.9	2002-04-04	18.6	2016-04-15	17.3	2004-04-25
德令哈	17.7	1989-04-11	17.0	2019-04-19	16.9	1981-04-02
乌兰	13.8	1989-04-06	11.7	2004-04-25	11.0	2015-04-04
大柴旦	11.5	2002-04-30	10.8	1987-04-25	10.5	1981-04-02
茫崖	9.8	1978-04-16	5.6	1978-04-15	5.5	2019-04-19

续表

站名	第1极值和出现时间		第2极值和出现时间		第3极值和出现时间	
	降水量 （mm）	出现时间 （年-月-日）	降水量 （mm）	出现时间 （年-月-日）	降水量 （mm）	出现时间 （年-月-日）
冷湖	4.9	2002-04-30	2.4	2002-04-27	2.1	1957-04-08
茶卡	32.5	1973-04-29	21.4	1994-04-18	15.8	2006-04-23
格尔木	6.9	1970-04-25	4.8	2002-04-27	4.6	2006-04-26
都兰	27.4	2004-04-25	21.6	2001-04-22	15.5	1986-04-29
小灶火	5.7	2017-04-15	3.6	1990-04-29	3.2	1970-04-25
诺木洪	8.0	2001-04-22	6.4	2002-04-27	5.0	2007-04-27
泽库	20.2	2018-04-30	18.7	1989-04-27	15.8	1996-04-27
河南	15.9	1982-04-23	15.8	2009-04-18 2017-04-26	15.6	2018-04-23
兴海	26.4	2018-04-23	20.5	2004-04-25	19.8	2017-04-26
同德	24.9	2015-04-18	22.1	2004-04-25	17.7	2016-04-08
玛沁	16.2	1973-04-29	15.9	2016-04-08	13.2	1982-04-01
达日	18.6	1973-04-29	18.5	2001-04-20	15.9	2016-04-26
甘德	18.6	2017-04-26	14.8	1982-04-09	12.3	2018-04-13
玛多	19.2	1955-04-15	11.3	2015-04-05	10.1	1991-04-11
班玛	19.1	1988-04-21	17.5	1987-04-25	17.1	2007-04-26
久治	24.1	1973-04-29	17.5	1971-04-24	17.0	2013-04-23
玉树	19.8	2013-04-23	14.9	2004-04-23	14.3	1987-04-27
清水河	14.9	1976-04-27	13.0	2013-04-22	12.9	2018-04-13
治多	21.3	2001-04-20	17.7	2018-04-13	13.4	2005-04-28
囊谦	16.8	2012-04-05	16.6	2005-04-27	16.0	1959-04-02
曲麻莱	15.3	2013-04-22	10.1	1970-04-24	9.8	2019-04-08
杂多	21.3	2000-04-25	16.7	1973-04-29	15.9	2013-04-23
五道梁	8.0	1985-04-11	7.8	1981-04-18	7.6	2016-04-24
沱沱河	13.7	2019-04-02	10.9	1981-04-18	6.3	1979-04-17

附表1.5　5月极端日降水量历史前3位和出现时间

站名	第1极值和出现时间		第2极值和出现时间		第3极值和出现时间	
	降水量 （mm）	出现时间 （年-月-日）	降水量 （mm）	出现时间 （年-月-日）	降水量 （mm）	出现时间 （年-月-日）
西宁	50.7	1998-05-20	35.9	1955-05-26	34.3	1993-05-31
大通	42.1	2013-05-08	36.6	1988-05-10	30.2	1993-05-19
湟中	45.4	1993-05-31	42.4	1993-05-19	38.3	2012-05-07
湟源	40.2	1962-05-26	35.4	1993-05-19	33.1	1967-05-15

续表

站名	第1极值和出现时间		第2极值和出现时间		第3极值和出现时间	
	降水量 （mm）	出现时间 （年-月-日）	降水量 （mm）	出现时间 （年-月-日）	降水量 （mm）	出现时间 （年-月-日）
平安	27.9	1993-05-31	24.1	2010-05-16	22.6	2002-05-01
互助	28.1	2010-05-13	26.8	2009-05-27	26.7	1964-05-18
乐都	32.9	1993-05-31	31.1	2003-05-05	23.3	2002-05-01
化隆	29.4	1999-05-16	27.6	1993-05-31	22.8	2004-05-02
民和	46.6	2003-05-05	32.5	1992-05-04	30.4	2002-05-01
循化	29.2	2002-05-01	28.2	2012-05-21	25.0	1999-05-16
同仁	36.9	1993-05-31	33.6	2005-05-04	29.9	2004-05-02
尖扎	38.6	1993-05-31	34.4	1979-05-29	27.6	2013-05-08
贵德	28.8	2017-05-22	23.2	1966-05-25	21.8	1983-05-21
门源	33.9	2002-05-13	28.6	2003-05-13	26.6	1991-05-31
祁连	31.4	2017-05-21	31.0	2015-05-27	21.9	1966-05-12 2015-05-20
野牛沟	30.5	2011-05-09	26.8	1989-05-21	21.0	2013-05-07
托勒	21.0	2015-05-27	20.6	1965-05-29 2015-05-20	19.7	1978-05-28
刚察	42.3	2017-05-21	26.2	2010-05-30	21.6	2005-05-28
天峻	32.6	1964-05-26	23.2	1982-05-17	21.7	2004-05-29
共和	27.4	1993-05-31	24.1	2018-05-10	21.8	1967-05-15
贵南	49.4	1972-05-10	31.5	1966-05-25	27.9	1993-05-31
海晏	31.0	1993-05-19	26.0	2011-05-08	22.4	2012-05-31
德令哈	34.8	2009-05-27	34.0	2010-05-31	25.5	1970-05-29
乌兰	25.7	2005-05-22	23.5	2018-05-10	22.7	1985-05-12
大柴旦	20.9	1967-05-17	17.2	1958-05-13	16.4	1970-05-29
茫崖	17.2	2015-05-27	15.4	2013-05-06	12.2	2008-05-24
冷湖	9.0	1997-05-20	6.1	2005-05-28	5.1	1964-05-17
茶卡	27.6	1993-05-19	22.9	1965-05-14	21.6	2018-05-10
格尔木	10.9	2009-05-27	10.3	2012-05-10	9.9	2008-05-29
都兰	23.1	2009-05-27	21.3	1989-05-29	19.8	2005-05-16
小灶火	7.6	2012-05-10	7.0	2006-05-08	6.7	2012-05-02
诺木洪	27.1	2009-05-27	25.7	2008-05-29	14.3	2013-05-07
泽库	31.0	2016-05-21	26.3	1974-05-29	24.2	1986-05-31
河南	39.7	1979-05-31	32.1	1998-05-21	28.4	1972-05-28
兴海	32.4	1971-05-16	27.3	2002-05-12	24.0	1965-05-13
同德	23.4	1959-05-20	23.0	2018-05-05	22.5	1984-05-22

续表

站名	第1极值和出现时间		第2极值和出现时间		第3极值和出现时间	
	降水量(mm)	出现时间(年-月-日)	降水量(mm)	出现时间(年-月-日)	降水量(mm)	出现时间(年-月-日)
玛沁	26.9	1960-05-30	20.6	1987-05-25	20.4	2003-05-20
达日	27.7	2013-05-31	26.5	2017-05-22	23.5	1976-05-30
甘德	27.0	2002-05-19	23.8	2013-05-31	23.5	2007-05-29
玛多	17.8	2007-05-22	13.8	1986-05-19	13.5	1974-05-16
班玛	38.1	1999-05-31	27.3	2018-05-11	27.0	2016-05-27
久治	25.8	2016-05-27	22.2	1975-05-19	21.8	1979-05-25
玉树	27.2	1999-05-31	27.0	2001-05-28	25.8	1973-05-19
清水河	31.0	1989-05-26	23.4	1999-05-30	21.8	2013-05-30
治多	26.9	1989-05-27	18.7	1993-05-28	18.3	2011-05-21
囊谦	37.1	1992-05-24	30.1	1962-05-01	24.2	1994-05-26
曲麻莱	22.2	1962-05-27	21.1	1976-05-29	20.6	1968-05-30
杂多	31.3	2015-05-21	28.2	2013-05-31	27.4	2013-05-30
五道梁	19.0	2012-05-06	11.5	2016-05-18	11.2	1999-05-30
沱沱河	17.9	2008-05-31	12.4	2009-05-27	12.1	2013-05-04

附表1.6　6月极端日降水量历史前3位和出现时间

站名	第1极值和出现时间		第2极值和出现时间		第3极值和出现时间	
	降水量(mm)	出现时间(年-月-日)	降水量(mm)	出现时间(年-月-日)	降水量(mm)	出现时间(年-月-日)
西宁	34.2	2018-06-30	29.8	1961-06-18	29.3	1972-06-06
大通	58.0	1958-06-23	42.5	1970-06-06	32.1	2015-06-29
湟中	36.8	1983-06-23	34.2	1972-06-06	31.9	1993-06-09
湟源	32.6	1967-06-06	31.4	2010-06-07	27.0	2014-06-24
平安	31.4	2001-06-28	24.6	2008-06-22	23.6	1994-06-15
互助	41.0	1958-06-23	37.7	2003-06-25	36.0	1999-06-14
乐都	33.0	1978-06-12	32.0	1979-06-23	30.8	1986-06-08
化隆	35.9	2009-06-19	30.7	1994-06-27	28.7	2016-06-26
民和	35.5	1958-06-23	35.3	1961-06-15	29.0	2011-06-26
循化	26.8	1994-06-27	25.3	1988-06-04	24.3	2011-06-26
同仁	31.1	1958-06-01	26.4	1989-06-13	25.8	1967-06-18
尖扎	33.8	1989-06-13	33.4	1972-06-06	30.8	2008-06-06
贵德	30.3	1961-06-15	24.8	2016-06-01	22.0	1958-06-22
门源	37.0	2007-06-15	34.6	1958-06-22	28.8	1958-06-23
祁连	40.5	1995-06-15	30.0	2014-06-03	28.7	2005-06-27
野牛沟	27.5	2014-06-05	26.2	1975-06-25	24.2	1959-06-28
托勒	29.3	1959-06-28	28.6	1973-06-29	28.1	1985-06-30

站名	第1极值和出现时间		第2极值和出现时间		第3极值和出现时间	
	降水量（mm）	出现时间（年-月-日）	降水量（mm）	出现时间（年-月-日）	降水量（mm）	出现时间（年-月-日）
刚察	30.9	1995-06-15	30.7	2014-06-12	29.0	1996-06-05
天峻	34.8	1993-06-09	34.7	1986-06-08	33.9	2017-06-02
共和	34.8	1989-06-23	29.5	1976-06-15	29.3	1967-06-06
贵南	56.2	2015-06-29	35.9	2004-06-03	34.5	1993-06-20
海晏	36.8	1986-06-08	35.9	1958-06-15	34.2	2013-06-08
德令哈	33.1	2012-06-05	25.7	1981-06-06	25.0	2017-06-02
乌兰	33.0	2003-06-04	20.4	1988-06-08	18.7	2003-06-21
大柴旦	28.7	2015-06-18	22.6	1970-06-19	19.0	1973-06-17
茫崖	19.7	1986-06-09	15.9	1993-06-19	15.3	1990-06-16
冷湖	18.9	1959-06-21	17.3	2011-06-15	10.9	1987-06-04
茶卡	70.6	2013-06-19	27.6	2010-06-07	26.4	1992-06-24
格尔木	27.1	2010-06-07	11.9	2017-06-02	11.1	1979-06-30
都兰	43.5	2010-06-07	32.6	2018-06-19	27.7	2010-06-19
小灶火	24.6	2018-06-18	12.6	1973-06-19	10.6	1979-06-30
诺木洪	52.0	2010-06-07	24.8	2015-06-27	19.8	2011-06-20
泽库	48.8	1999-06-14	39.7	1958-06-08	36.0	1963-06-06
河南	59.6	1987-06-20	34.8	1993-06-02	32.1	1992-06-20
兴海	40.9	2002-06-17	34.2	2018-06-07	32.3	2010-06-07
同德	42.2	1955-06-30	35.2	2018-06-07	31.4	1974-06-28
玛沁	29.2	1968-06-07	28.6	1974-06-28	27.9	1986-06-30
达日	36.2	1975-06-30	36.0	2010-06-30	28.1	1994-06-18
甘德	35.6	2000-06-11	34.5	2016-06-24	33.3	1987-06-19
玛多	31.3	2007-06-20	23.7	2015-06-28	21.5	2018-06-23
班玛	38.5	1989-06-14	36.1	1970-06-20	35.6	1999-06-06
久治	47.0	1987-06-23	37.0	1986-06-28	36.4	2007-06-17
玉树	38.8	1994-06-18	34.8	1976-06-26	31.3	1972-06-24
清水河	36.3	2010-06-28	34.8	2007-06-21	31.8	2004-06-29
治多	28.6	1998-06-22	25.5	2008-06-18	24.0	2014-06-24
囊谦	39.9	1971-06-12	38.1	1999-06-19	35.9	2005-06-19
曲麻莱	28.1	2014-06-24	24.6	2001-06-27	24.3	1970-06-18 1972-06-06
杂多	37.9	1979-06-30	32.9	1957-06-20	32.8	2008-06-10
五道梁	21.7	1959-06-24	20.1	1969-06-25	19.0	2010-06-22
沱沱河	32.0	1989-06-25	20.7	2001-06-27	18.8	1999-06-24

附表1.7　7月极端日降水量历史前3位和出现时间

站名	第1极值和出现时间		第2极值和出现时间		第3极值和出现时间	
	降水量 （mm）	出现时间 （年-月-日）	降水量 （mm）	出现时间 （年-月-日）	降水量 （mm）	出现时间 （年-月-日）
西宁	60.8	2001-07-09	57.9	1973-07-11	47.8	2003-07-30
大通	56.1	2003-07-30	48.0	1979-07-26	47.3	2012-07-30
湟中	56.2	2000-07-27	43.6	2012-07-31	41.6	1997-07-02
湟源	48.1	1974-07-29	42.0	1989-07-20	41.4	1970-07-31
平安	44.3	2012-07-30	31.5	2007-07-18	31.2	1993-07-06
互助	67.2	1961-07-22	59.0	2003-07-30	42.7	1993-07-20
乐都	45.4	1958-07-14	41.5	2018-07-23	40.0	2001-07-17
化隆	44.8	1959-07-15	41.2	2012-07-30	38.9	2016-07-11
民和	67.6	2018-07-23	56.8	1976-07-27	55.6	1993-07-20
循化	44.8	2012-07-30	44.4	1993-07-20	43.2	1981-07-28
同仁	48.7	2018-07-23	41.2	1971-07-25	37.6	1995-07-31
尖扎	75.5	1963-07-23	45.9	2018-07-20	40.1	2016-07-11
贵德	32.9	1973-07-11	31.5	1985-07-21	29.9	1985-07-05
门源	52.8	1981-07-12	44.1	2017-07-24	43.6	1998-07-15
祁连	40.3	1998-07-15	37.5	1990-07-25	35.8	1976-07-03
野牛沟	45.6	1961-07-20	41.7	2016-07-08	36.8	1990-07-25
托勒	39.7	2010-07-29	35.8	2017-07-26	35.7	1963-07-20
刚察	45.5	2017-07-24	40.5	1959-07-28	39.3	1979-07-26
天峻	42.8	2008-07-28	36.7	2014-07-21	35.3	2002-07-10
共和	48.2	1983-07-21	42.5	2016-07-10	38.3	2001-07-19
贵南	38.5	2018-07-20	37.8	1959-07-09	35.6	1985-07-05
海晏	64.0	1981-07-12	37.4	1989-07-10	36.0	2012-07-30
德令哈	35.4	1998-07-09	31.3	1990-07-29	29.1	2012-07-31
乌兰	43.9	2015-07-04	28.8	2018-07-01	28.4	2005-07-09
大柴旦	32.2	1977-07-17	28.0	1992-07-04	25.4	2012-07-22
茫崖	14.0	2005-07-09	12.9	1961-07-13	12.7	1993-07-13
冷湖	16.6	1971-07-07	15.9	1970-07-15	8.7	1992-07-05
茶卡	48.5	2000-07-27	36.8	1981-07-30 1989-07-22	33.2	1989-07-26
格尔木	32.0	1971-07-22	19.1	2017-07-31	18.2	1998-07-09
都兰	42.5	2009-07-07	34.3	1999-07-17	31.4	1971-07-08
小灶火	12.8	1970-07-15	7.9	2017-07-31	7.1	2018-07-14
诺木洪	17.6	1977-07-21 1998-07-09	17.1	2005-07-10	13.8	1973-07-31

站名	第1极值和出现时间		第2极值和出现时间		第3极值和出现时间	
	降水量 (mm)	出现时间 (年-月-日)	降水量 (mm)	出现时间 (年-月-日)	降水量 (mm)	出现时间 (年-月-日)
泽库	47.8	1995-07-31	43.8	1960-07-24	38.4	1959-07-08
河南	58.0	2009-07-20	52.6	1973-07-30	48.7	1967-07-17
兴海	46.6	2016-07-10	43.0	1993-07-13	42.0	2008-07-28
同德	47.5	1958-07-29	39.9	1971-07-25	38.1	2016-07-11
玛沁	34.8	2002-07-10	34.6	1964-07-18	34.2	1995-07-31 2010-07-09
达日	37.4	1996-07-26	37.2	1985-07-10	36.4	1964-07-19
甘德	32.4	1960-07-04	31.0	1996-07-25	29.5	2007-07-18
玛多	32.4	2016-07-10	32.3	1975-07-27	31.9	1992-07-26
班玛	49.6	1970-07-16	39.6	1986-07-12	39.3	2016-07-12
久治	52.9	1966-07-17	48.5	1967-07-10	42.2	1981-07-07
玉树	38.4	1996-07-24	31.9	1959-07-28	30.2	1989-07-07
清水河	64.5	1986-07-08	36.4	1966-07-20	32.0	1975-07-21
治多	30.4	2018-07-04	26.5	1981-07-19	25.4	1974-07-30
囊谦	37.9	2003-07-30	36.5	2012-07-22	35.5	1990-07-31
曲麻莱	40.4	2005-07-03	35.0	2013-07-07	33.0	2004-07-25
杂多	32.5	1988-07-27	30.3	1989-07-09	28.5	2004-07-26
五道梁	36.2	1974-07-25	33.9	2008-07-29	30.5	2014-07-08
沱沱河	47.8	1982-07-13	46.8	1985-07-27	35.0	2016-07-11

附表1.8　8月极端日降水量历史前3位和出现时间

站名	第1极值和出现时间		第2极值和出现时间		第3极值和出现时间	
	降水量 (mm)	出现时间 (年-月-日)	降水量 (mm)	出现时间 (年-月-日)	降水量 (mm)	出现时间 (年-月-日)
西宁	62.2	1964-08-19	58.2	1997-08-05	57.8	2007-08-26
大通	119.9	2013-08-22	78.8	1967-08-02	74.2	1966-08-15
湟中	58.2	1992-08-05	52.3	1964-08-19	45.3	1961-08-15
湟源	64.6	2016-08-18	44.9	1976-08-02	43.4	1964-08-19
平安	56.1	2018-08-25	50.7	1997-08-05	38.5	1997-08-14
互助	60.5	2007-08-30	57.2	1967-08-01	49.0	1996-08-09
乐都	61.6	1958-08-08	53.5	1979-08-06	45.5	1961-08-27
化隆	54.6	1958-08-08	53.4	1961-08-22	46.1	1972-08-04
民和	65.2	1996-08-08	63.1	1970-08-15	60.0	1997-08-14
循化	40.2	1969-08-06	39.5	1961-08-22	37.4	2008-08-20

站名	第 1 极值和出现时间		第 2 极值和出现时间		第 3 极值和出现时间	
	降水量 （mm）	出现时间 （年-月-日）	降水量 （mm）	出现时间 （年-月-日）	降水量 （mm）	出现时间 （年-月-日）
同仁	44.9	1969-08-06	43.0	2018-08-25	42.5	1958-08-08
尖扎	74.5	2007-08-26	57.1	1970-08-29	53.1	1964-08-19
贵德	58.9	1973-08-26	46.4	1979-08-06	43.1	1964-08-19
门源	73.6	1960-08-07	55.0	2010-08-03	46.5	2012-08-11
祁连	39.4	2016-08-18	35.8	2009-08-18	34.5	1994-08-19
野牛沟	34.5	1967-08-06	33.1	1996-08-22	31.8	1971-08-23
托勒	33.3	1999-08-16	31.2	1986-08-13	27.5	1991-08-12
刚察	57.7	2016-08-14	47.2	2006-08-11	44.8	1997-08-06
天峻	60.9	1996-08-23	60.4	1972-08-19	56.3	1976-08-02
共和	47.0	1954-08-23	43.3	1967-08-07	42.2	2010-08-04
贵南	49.5	2018-08-26	46.1	2012-08-12	39.3	1958-08-08
海晏	43.9	1983-08-13	36.6	1988-08-07	32.1	2007-08-30
德令哈	84.0	1977-08-01	41.3	2016-08-24	34.2	2017-08-01
乌兰	41.9	2016-08-04	34.4	2010-08-03	29.0	1996-08-07
大柴旦	20.1	1966-08-24	18.2	1991-08-03	17.4	2017-08-26
茫崖	15.3	1981-08-04	14.9	2018-08-14	12.3	1996-08-20
冷湖	22.7	1972-08-11	14.0	1979-08-11	8.0	2004-08-05
茶卡	72.4	1958-08-19	40.9	1975-08-09	34.7	2018-08-20
格尔木	15.4	2016-08-24	11.3	1964-08-18 1981-08-05	11.0	1988-08-10
都兰	28.4	1981-08-05	27.7	2011-08-04	23.9	2012-08-10
小灶火	12.7	1991-08-03	10.7	1980-08-22	9.1	2004-08-05
诺木洪	16.7	2010-08-03	11.1	1996-08-20	9.8	1991-08-26 2009-08-20
泽库	53.7	2017-08-05	44.5	1972-08-23	41.7	2008-08-20
河南	69.6	2016-08-25	53.4	2016-08-24	49.9	1983-08-15
兴海	34.6	1986-08-02	31.7	2018-08-17	31.2	2009-08-24
同德	64.3	2016-08-24	53.6	2012-08-15	39.9	1986-08-02 2017-08-01
玛沁	45.4	2018-08-09	41.6	2005-08-15	36.3	2016-08-24
达日	45.0	1985-08-16	40.7	1957-08-03	33.7	1961-08-20
甘德	32.1	1985-08-28	30.7	2012-08-16	29.7	1983-08-14
玛多	54.2	1975-08-09	32.1	2010-08-11	30.8	1961-08-12
班玛	40.8	1966-08-29	37.1	2006-08-27	36.5	2000-08-21

站名	第1极值和出现时间		第2极值和出现时间		第3极值和出现时间	
	降水量 （mm）	出现时间 （年-月-日）	降水量 （mm）	出现时间 （年-月-日）	降水量 （mm）	出现时间 （年-月-日）
久治	59.7	1961-08-05	47.3	2010-08-04	38.5	2014-08-06
玉树	31.3	2003-08-09	30.1	2005-08-18	25.5	1967-08-10
清水河	40.8	1977-08-02	36.7	2010-08-11	36.6	1960-08-19
治多	25.1	1971-08-17	23.8	1994-08-23	23.5	2002-08-22
囊谦	37.0	1960-08-20	36.4	1964-08-14	32.1	2003-08-13
曲麻莱	37.6	1986-08-29	34.8	1988-08-11	30.4	1993-08-21
杂多	29.4	1985-08-16	28.9	2018-08-30	27.2	1961-08-15 2015-08-06
五道梁	37.1	1977-08-07	31.6	2010-08-22	31.5	2001-08-03
沱沱河	24.6	2010-08-11	23.7	1971-08-15	22.5	1966-08-21

附表1.9　9月极端日降水量历史前3位和出现时间

站名	第1极值和出现时间		第2极值和出现时间		第3极值和出现时间	
	降水量 （mm）	出现时间 （年-月-日）	降水量 （mm）	出现时间 （年-月-日）	降水量 （mm）	出现时间 （年-月-日）
西宁	37.8	1961-09-06	36.3	1992-09-11	35.2	2001-09-02
大通	46.2	1998-09-16	39.3	2001-09-02	32.0	2006-09-03
湟中	47.1	2001-09-02	40.8	1980-09-03	39.2	1992-09-11
湟源	36.4	2002-09-02	34.6	1995-09-06	28.9	2001-09-02
平安	35.0	1999-09-01	31.9	1994-09-03	29.1	1999-09-10
互助	39.4	2001-09-02	38.0	2010-09-01	35.6	1992-09-23
乐都	38.9	1961-09-06	35.2	1975-09-09	33.1	1987-09-02
化隆	62.5	1992-09-11	34.5	2018-09-01	33.1	1999-09-10
民和	37.5	1975-09-09	34.4	1968-09-03	33.9	1995-09-01
循化	27.6	1994-09-03	26.1	2006-09-04	25.7	2013-09-30
同仁	76.1	2010-09-21	46.0	1999-09-10	27.9	1969-09-26
尖扎	43.6	1963-09-14	31.2	2006-09-04	30.9	1961-09-06
贵德	37.4	1961-09-06	28.4	1999-09-10	26.9	1975-09-08
门源	41.5	1995-09-06	29.7	2006-09-04	29.6	1962-09-24
祁连	33.1	1977-09-08	29.8	1970-09-06	27.6	1981-09-03
野牛沟	33.4	2005-09-11	29.3	1998-09-11	25.9	1977-09-07
托勒	31.0	1970-09-06	30.2	2017-09-04	22.0	2015-09-02
刚察	31.5	1987-09-02	28.1	1995-09-01	21.2	2008-09-06
天峻	24.7	2010-09-17	23.7	2004-09-07	21.7	1987-09-02

续表

站名	第1极值和出现时间		第2极值和出现时间		第3极值和出现时间	
	降水量（mm）	出现时间（年-月-日）	降水量（mm）	出现时间（年-月-日）	降水量（mm）	出现时间（年-月-日）
共和	30.2	1995-09-03	26.8	1960-09-29	25.7	1959-09-02
贵南	31.7	1999-09-09	29.9	2001-09-02	27.8	1988-09-22
海晏	40.4	1995-09-06	33.5	2001-09-02	31.0	1997-09-11
德令哈	26.1	1995-09-17	23.1	1997-09-11	22.8	2017-09-04
乌兰	20.6	1987-09-02	19.4	2005-09-12	18.2	2009-09-13
大柴旦	25.6	1964-09-30	16.9	2010-09-17	16.8	1966-09-10
茫崖	18.7	2010-09-20	16.1	2015-09-01	8.0	1963-09-16
冷湖	11.3	2002-09-09 2015-09-01	7.9	2002-09-07	6.4	2008-09-21
茶卡	31.8	1998-09-13	26.3	1971-09-01	24.7	2011-09-02
格尔木	14.3	1970-09-06	11.8	2007-09-27	11.6	1957-09-02
都兰	23.2	1989-09-03	20.2	2002-09-02	19.9	1963-09-17
小灶火	12.4	2009-09-06	7.8	2007-09-27	7.2	2018-09-16
诺木洪	13.2	2007-09-27	11.3	1963-09-16	11.1	1966-09-02
泽库	39.4	2009-09-07	33.3	1978-09-03	30.7	1980-09-14
河南	49.3	1960-09-29	49.1	2008-09-22	42.9	1980-09-13
兴海	32.8	1999-09-09	21.9	1971-09-12	21.8	1979-09-19
同德	38.1	2001-09-16	25.3	2001-09-02	25.2	1956-09-13
玛沁	40.6	1965-09-01	38.3	1994-09-15	31.6	1978-09-05
达日	30.6	2003-09-18	30.1	1967-09-02	29.3	1963-09-18
甘德	40.1	2018-09-04	30.1	1996-09-02	25.4	2004-09-04
玛多	24.9	1981-09-01	23.9	1959-09-01	21.2	1958-09-01
班玛	36.5	1971-09-14	32.8	1998-09-17	30.7	1971-09-11
久治	41.3	2015-09-10	35.6	1981-09-09	34.8	1978-09-06
玉树	26.1	1961-09-06	25.9	1957-09-04	25.7	1992-09-13
清水河	33.4	1966-09-01	26.6	1961-09-27	26.2	1960-09-30
治多	30.3	1985-09-12	23.4	1975-09-12	21.3	1989-09-06
囊谦	39.5	1972-09-04	35.2	1971-09-04	31.3	1984-09-04
曲麻莱	28.4	1981-09-11	24.5	1980-09-03	23.9	1996-09-01
杂多	25.0	1968-09-05	21.3	1985-09-12	21.2	1996-09-08
五道梁	23.5	1995-09-07	23.0	1962-09-13	21.4	1995-09-09
沱沱河	30.2	1994-09-02	28.4	2014-09-07	18.7	2002-09-06

附表 1.10　10 月极端日降水量历史前 3 位和出现时间

站名	第 1 极值和出现时间		第 2 极值和出现时间		第 3 极值和出现时间	
	降水量 （mm）	出现时间 （年-月-日）	降水量 （mm）	出现时间 （年-月-日）	降水量 （mm）	出现时间 （年-月-日）
西宁	21.5	1967-10-10	20.1	1998-10-12	20.0	1960-10-12
大通	26.2	1967-10-10	20.4	1961-10-10	18.4	1998-10-12
湟中	27.1	2014-10-11	22.2	2012-10-08	21.4	1964-10-01
湟源	22.9	1960-10-12	19.9	1967-10-10	19.0	1965-10-01
平安	19.1	2017-10-09	17.0	2008-10-22	16.6	1992-10-11
互助	28.2	1978-10-01	24.8	2014-10-11	24.1	1968-10-08
乐都	21.7	2017-10-09	21.5	1958-10-09	18.5	1961-10-10
化隆	24.4	1982-10-10	23.6	1958-10-09	22.7	1964-10-01
民和	25.4	1978-10-01	24.1	1958-10-09	21.8	1968-10-08
循化	23.6	1975-10-10	22.9	2007-10-01	16.3	1978-10-01
同仁	28.3	2007-10-01	24.9	1978-10-01	20.0	1961-10-15
尖扎	24.0	1978-10-01	21.1	1964-10-01	20.9	1958-10-09
贵德	21.4	2014-10-11	19.4	1961-10-01	19.2	2017-10-08
门源	21.5	1981-10-03	18.7	1978-10-01	17.9	1996-10-22
祁连	16.1	1986-10-18	15.6	1989-10-04	15.3	1965-10-04
野牛沟	16.2	1986-10-18	13.8	2010-10-24	13.7	2007-10-03
托勒	8.0	2014-10-10	7.5	1981-10-03 1998-10-12	7.1	1967-10-10 1993-10-22
刚察	20.6	1989-10-04	16.2	1965-10-04	15.9	2014-10-28
天峻	23.3	1993-10-03	22.7	1989-10-04	13.1	1973-10-03
共和	25.6	1954-10-05	18.9	1992-10-08	17.0	1961-10-10
贵南	23.2	1977-10-18	22.8	1983-10-02	22.6	1996-10-15
海晏	17.0	1986-10-21	13.6	1989-10-03	12.7	2008-10-08
德令哈	14.5	1999-10-08	13.6	1986-10-18	13.5	2006-10-23
乌兰	8.3	1989-10-04	7.1	1985-10-18	6.8	1985-10-19 1992-10-05
大柴旦	10.0	2017-10-24	9.4	2004-10-16	5.4	2010-10-24
茫崖	2.4	1978-10-26 1987-10-30 1995-10-20	2.1	1983-10-15	2.0	1992-10-04 1995-10-06
冷湖	2.5	2006-10-29	1.1	1994-10-09	0.5	2006-10-06
茶卡	13.2	1967-10-06	11.2	2009-10-09	10.8	1989-10-04
格尔木	12.1	1973-10-03	6.9	1955-10-04	2.6	2004-10-15
都兰	14.9	1985-10-18	13.0	2004-10-04	9.5	2009-10-09

续表

站名	第1极值和出现时间		第2极值和出现时间		第3极值和出现时间	
	降水量 (mm)	出现时间 (年-月-日)	降水量 (mm)	出现时间 (年-月-日)	降水量 (mm)	出现时间 (年-月-日)
小灶火	4.4	2004-10-13	3.4	2006-10-30	2.1	2006-10-28
诺木洪	11.3	1973-10-03	5.7	2004-10-15	5.1	1973-10-02
泽库	33.4	2015-10-06	20.6	1983-10-16	20.4	2007-10-01
河南	26.6	1983-10-16	22.4	2007-10-01	19.7	2012-10-02
兴海	20.9	1998-10-05	16.4	1966-10-03	15.8	2014-10-11
同德	26.2	1961-10-15	24.5	1961-10-01	18.7	1966-10-07
玛沁	29.7	1983-10-16	16.9	1971-10-02	16.7	1971-10-14
达日	17.1	1968-10-11	16.7	1988-10-06	15.4	2017-10-03
甘德	19.1	1983-10-16	17.1	1978-10-01	16.5	1989-10-02
玛多	14.8	1955-10-07	14.6	2017-10-24	13.0	2007-10-02
班玛	22.5	1960-10-01	22.2	1993-10-03	21.8	2016-10-10
久治	24.2	1973-10-06 2017-10-11	22.4	2017-10-03	19.0	1960-10-01
玉树	32.0	1960-10-01	21.1	2012-10-06	19.7	1990-10-09 2008-10-10
清水河	19.6	1987-10-20	19.4	2009-10-08	16.4	1983-10-12
治多	26.5	2009-10-08	21.6	1998-10-18	20.5	2009-10-06
囊谦	23.1	1984-10-16	23.0	2008-10-09	18.7	2008-10-27
曲麻莱	21.7	2009-10-08	17.6	1956-10-05	16.6	1961-10-01
杂多	27.5	1983-10-16	25.8	1960-10-01	23.4	1958-10-04
五道梁	16.3	1973-10-02	9.0	2018-10-02	8.5	1956-10-09
沱沱河	50.2	1985-10-18	27.1	1968-10-05	15.3	1985-10-17

附表1.11 11月极端日降水量历史前3位和出现时间

站名	第1极值和出现时间		第2极值和出现时间		第3极值和出现时间	
	降水量 (mm)	出现时间 (年-月-日)	降水量 (mm)	出现时间 (年-月-日)	降水量 (mm)	出现时间 (年-月-日)
西宁	15.4	1972-11-14	10.9	2018-11-04	10.7	2011-11-07
大通	13.2	1972-11-14	9.8	1968-11-02	9.0	1963-11-04 1969-11-04
湟中	25.7	1972-11-14	18.5	2011-11-07	12.0	2018-11-04
湟源	13.9	1972-11-14	9.6	2011-11-07	8.4	2000-11-15
平安	9.0	2014-11-01	5.5	2018-11-04	5.2	2011-11-07
互助	11.2	1973-11-03	10.7	2018-11-04	9.8	2011-11-07

站名	第1极值和出现时间		第2极值和出现时间		第3极值和出现时间	
	降水量（mm）	出现时间（年-月-日）	降水量（mm）	出现时间（年-月-日）	降水量（mm）	出现时间（年-月-日）
乐都	6.7	1990-11-08	5.6	1963-11-04 1977-11-05	5.3	1961-11-18
化隆	9.6	1972-11-14	9.0	1963-11-04	8.7	1961-11-18
民和	10.8	1961-11-18	8.1	1982-11-27	7.7	1977-11-05
循化	5.8	1973-11-03	4.5	1979-11-03	4.2	1971-11-07
同仁	11.6	2015-11-11	9.6	1961-11-18	9.4	1971-11-07
尖扎	7.3	1977-11-05	5.6	1963-11-04	5.2	2018-11-04
贵德	13.1	1972-11-14	12.0	2011-11-07	7.3	1968-11-02
门源	8.8	1969-11-03	7.7	1994-11-16	7.2	2018-11-03
祁连	5.4	1965-11-07	4.7	2018-11-16	4.5	1963-11-04
野牛沟	5.3	1988-11-15	5.2	1989-11-04	4.5	1975-11-02
托勒	4.0	2003-11-07	3.9	1975-11-02	3.6	1971-11-04
刚察	7.4	1975-11-02	7.0	2015-11-07	6.2	1971-11-04
天峻	9.8	1975-11-02	7.5	1977-11-05	7.2	1967-11-25 1977-11-04
共和	10.9	2018-11-04	8.7	1977-11-05	8.6	1975-11-02
贵南	12.1	2015-11-11	8.9	2008-11-05	7.7	1977-11-06
海晏	8.7	2011-11-07	5.8	2018-11-04	4.9	2014-11-01
德令哈	13.1	2018-11-05	9.5	2018-11-16	8.7	2008-11-22
乌兰	6.2	2015-11-07	5.7	2018-11-07	4.6	2001-11-06
大柴旦	6.0	2018-11-05	4.4	2018-11-16	3.7	1963-11-08
茫崖	1.3	1977-11-14	1.2	2018-11-17	1.1	1986-11-06
冷湖	0.9	1982-11-26	0.4	1962-11-25 2000-11-07 2006-11-26	0.3	1962-11-23
茶卡	8.1	2018-11-16	7.2	2013-11-10	5.8	2015-11-07
格尔木	3.3	1972-11-14	3.2	1993-11-20	3.1	1967-11-17
都兰	9.7	2018-11-05	9.2	2018-11-07	7.8	1977-11-05
小灶火	3.0	1972-11-14	2.5	2018-11-17	1.8	1965-11-06
诺木洪	2.6	1963-11-04	2.3	2018-11-07	1.7	1978-11-24
泽库	9.8	1971-11-07	8.0	1977-11-05 2011-11-02	7.4	1982-11-07
河南	15.7	1971-11-07	11.5	1965-11-16	7.9	2011-11-02
兴海	6.6	1975-11-02	6.1	2018-11-16	5.5	2008-11-05

续表

站名	第1极值和出现时间		第2极值和出现时间		第3极值和出现时间	
	降水量（mm）	出现时间（年-月-日）	降水量（mm）	出现时间（年-月-日）	降水量（mm）	出现时间（年-月-日）
同德	9.4	1974-11-13	9.2	1977-11-06	8.7	2008-11-05
玛沁	7.3	2009-11-15	7.1	1981-11-05	5.8	2014-11-06
达日	11.4	1981-11-05	10.2	1971-11-07	5.9	1994-11-08
甘德	8.6	2018-11-06	8.3	1981-11-05	8.2	2002-11-14
玛多	8.4	2009-11-15	3.9	1975-11-01	3.7	2018-11-05
班玛	10.1	1989-11-27	8.8	1969-11-01 2010-11-02	8.2	1975-11-25
久治	10.9	1987-11-01	10.7	1984-11-11	7.3	2008-11-22
玉树	11.6	1981-11-05	7.3	2011-11-12	7.0	1971-11-07 1973-11-03
清水河	7.7	2001-11-08	6.6	1981-11-05	6.5	1963-11-30
治多	4.1	2016-11-02	4.0	2002-11-14	3.7	1995-11-02
囊谦	13.1	1995-11-04	9.3	1982-11-23	8.0	1971-11-07
曲麻莱	7.4	2002-11-14	6.0	1981-11-04	5.7	2017-11-10
杂多	10.4	1973-11-03	9.0	1978-11-13	8.6	1964-11-20
五道梁	3.7	2002-11-14	3.5	1963-11-03	3.4	2018-11-06 2008-11-05
沱沱河	5.3	1997-11-26	5.2	2014-11-06	2.8	2002-11-08

附表1.12　12月极端日降水量历史前3位和出现时间

站名	第1极值和出现时间		第2极值和出现时间		第3极值和出现时间	
	降水量（mm）	出现时间（年-月-日）	降水量（mm）	出现时间（年-月-日）	降水量（mm）	出现时间（年-月-日）
西宁	3.1	1986-12-16 2004-12-29	2.9	2003-12-29 2004-12-30	2.8	1985-12-25
大通	7.3	1963-12-10	5.1	1956-12-16	4.7	1991-12-24
湟中	6.1	1969-12-07	4.1	2003-12-29	3.9	1969-12-08
湟源	2.5	2006-12-10	2.3	2013-12-08	2.2	2013-12-15
平安	4.5	2003-12-29	1.9	1989-12-28	1.2	2015-12-12
互助	7.3	1963-12-10	3.9	2004-12-29	3.4	1977-12-15
乐都	3.5	2003-12-29	3.3	1963-12-10	2.5	1958-12-18
化隆	3.7	2003-12-29	3.5	1972-12-30	3.4	1986-12-16
民和	5.0	1958-12-18	3.3	1986-12-16	3.2	2015-12-12
循化	2.1	1958-12-17	1.4	2018-12-21	1.1	1963-12-10

站名	第1极值和出现时间		第2极值和出现时间		第3极值和出现时间	
	降水量 （mm）	出现时间 （年-月-日）	降水量 （mm）	出现时间 （年-月-日）	降水量 （mm）	出现时间 （年-月-日）
同仁	4.3	2018-12-21	3.1	1957-12-13 1958-12-17	3.0	2017-12-29
尖扎	2.1	2018-12-21	1.9	2003-12-29	1.5	1974-12-27 1986-12-24
贵德	2.5	1986-12-24	2.3	2017-12-29	2.1	1977-12-15
门源	3.8	1991-12-24	3.4	2011-12-01	3.0	1994-12-12
祁连	4.4	1988-12-27	2.6	1986-12-01	2.2	2002-12-22
野牛沟	2.5	1991-12-09	2.2	1974-12-31	1.6	1978-12-13 2014-12-20
托勒	3.1	2006-12-08	2.0	2002-12-22	1.7	2006-12-07
刚察	2.7	2006-12-08	1.9	1970-12-06	1.8	1963-12-10 2000-12-11
天峻	10.3	1972-12-22	6.3	1988-12-27	2.0	1991-12-24
共和	5.1	2003-12-29	4.9	1972-12-22	3.5	2006-12-12
贵南	6.0	1989-12-20	4.2	2003-12-29	4.0	2018-12-28
海晏	4.1	2006-12-10	4.0	1991-12-24	2.7	2013-12-08
德令哈	7.3	1985-12-25	6.6	1972-12-22	6.3	1988-12-27
乌兰	3.3	2003-12-29	2.2	1991-12-09	2.0	1986-12-16 2018-12-20
大柴旦	4.6	1956-12-26	3.2	2006-12-10	3.0	1977-12-21
茫崖	2.4	2006-12-10	1.4	2016-12-30	1.2	1958-12-23
冷湖	1.4	1986-12-24	1.3	1986-12-15	1.0	1974-12-17 2016-12-29
茶卡	3.2	2003-12-29	2.4	1985-12-25	2.1	2018-12-13
格尔木	2.7	2010-12-24	2.1	1977-12-27	2.0	1992-12-18 2016-12-25
都兰	5.1	1987-12-24	4.6	1959-12-29	4.2	1955-12-18
小灶火	2.4	1977-12-15	1.1	1988-12-27 2013-12-14	1.0	1977-12-27 2010-12-24
诺木洪	3.5	1992-12-26	2.5	2012-12-26	2.2	1969-12-26
泽库	4.3	1958-12-17	3.6	1958-12-08	2.8	1997-12-11
河南	6.5	1997-12-11	4.8	1994-12-31	4.6	2016-12-02
兴海	11.1	1986-12-19	4.0	2017-12-29	3.6	2003-12-29

站名	第1极值和出现时间		第2极值和出现时间		第3极值和出现时间	
	降水量 （mm）	出现时间 （年-月-日）	降水量 （mm）	出现时间 （年-月-日）	降水量 （mm）	出现时间 （年-月-日）
同德	5.2	1957-12-13 2017-12-29	3.1	1974-12-10	3.0	1954-12-03 1954-12-06 1997-12-11
玛沁	7.7	1997-12-11	3.0	1989-12-20	2.6	2001-12-09
达日	6.0	2001-12-16	4.6	1979-12-01	4.5	1968-12-28
甘德	6.0	1997-12-11	5.8	1997-12-02	5.0	2014-12-17
玛多	5.5	2018-12-28	3.1	1997-12-11 2016-12-02	2.7	1977-12-02
班玛	5.7	1993-12-15	4.8	2000-12-02	4.6	1989-12-13 2000-12-12
久治	4.8	1987-12-13	4.6	1968-12-28	4.1	1973-12-10
玉树	6.5	1987-12-13	6.1	1995-12-15	5.6	2000-12-01
清水河	12.7	1987-12-13	8.5	1956-12-10	6.2	1979-12-01
治多	8.0	1987-12-13	5.6	1983-12-27	4.0	2001-12-16
囊谦	8.1	1973-12-10	7.5	2014-12-16	4.4	1979-12-02 1981-12-19
曲麻莱	5.0	1961-12-19	4.1	1987-12-13	3.2	1993-12-29
杂多	15.7	1979-12-01	8.9	1987-12-13	7.4	1956-12-10
五道梁	4.4	1987-12-13	4.0	1997-12-10	3.4	2016-12-28
沱沱河	5.0	2002-12-28	4.6	1987-12-12	2.8	1987-12-13 2014-12-24

附表2　1—12月各气象站月降水量历史最大(小)值和出现年份及常年值统计

附表2.1　1月降水量历史最大(小)值和出现年份及常年值

站名	历史最大值和出现年份		常年值	历史最小值和出现年份	
	降水量(mm)	年份		降水量(mm)	年份
茫崖	6.4	2019	0.8	0.0	1966
冷湖	7.0	2008	0.4	0.0	1987
托勒	8.3	2008	1.4	0.0	1976
野牛沟	8.4	1977	1.7	0.0	2007
祁连	5.3	1996	1.2	0.0	2018
小灶火	4.4	1998	0.5	0.0	2018
大柴旦	12.5	2008	2.3	0.0	1965
德令哈	16.0	2008	4.8	0.0	1976
天峻	5.4	2019	1.0	0.0	1979
刚察	5.2	1971	0.9	0.0	1976
门源	7.1	1977	1.9	0.0	1965
格尔木	4.6	1956	0.7	0.0	2003
诺木洪	4.1	1993、1998	0.9	0.0	2003
乌兰	10.4	2019	1.7	0.0	2014
都兰	16.6	1956	4.3	0.0	1987
茶卡	4.0	1998	0.9	0.0	1972
海晏	3.9	1957	1.0	0.0	1976
湟源	5.7	1957	1.1	0.0	1987
共和	9.4	1995	1.4	0.0	1988
大通	13.0	1957	2.5	0.0	1963
互助	11.0	1959	2.7	0.0	1987
西宁	6.1	1957	1.8	0.0	2014
贵德	2.8	1957	0.4	0.0	2013
湟中	12.0	1995	3.7	0.0	1987
乐都	6.2	1995	1.1	0.0	1987
平安	6.2	1995	1.2	0.0	2016
民和	7.3	1995	1.7	0.0	2017
化隆	9.8	1983	2.7	0.0	1965
五道梁	4.2	2012、1995	1.3	0.0	1972
兴海	10.4	1995	1.5	0.0	2014

站名	历史最大值和出现年份		常年值	历史最小值和出现年份	
	降水量(mm)	年份		降水量(mm)	年份
贵南	8.3	1964	1.7	0.0	1982
同德	9.9	2008	3.1	0.0	1965
尖扎	5.8	2008	0.7	0.0	1999
泽库	12.8	2008	3.1	0.0	2006
循化	4.6	2008	0.4	0.0	1982
同仁	13.4	2008	2.4	0.0	1982
沱沱河	16.0	1985	1.9	0.0	2006
治多	20.3	2008	3.4	0.0	1979
杂多	28.5	2008	7.6	0.0	1990
曲麻莱	19.3	2019	3.4	0.0	2006
玉树	16.6	1957	3.7	0.0	2010
玛多	10.8	1994	3.7	0.0	1972
清水河	22.9	2012	6.2	0.1	2006
玛沁	15.2	2008	2.8	0.0	1972
甘德	16.2	1993	5.8	0.3	1982
达日	19.4	1994	5.7	0.2	2006
河南	17.0	1994	4.6	0.0	1965
久治	16.8	2016	5.5	0.0	1963
囊谦	17.2	1994	3.1	0.0	1962
班玛	17.2	2008	5.5	0.1	1982

附表 2.2　2 月降水量历史最大(小)值和出现年份及常年值

站名	历史最大值和出现年份		常年值	历史最小值和出现年份	
	降水量(mm)	年份		降水量(mm)	年份
茫崖	4.1	2010	0.6	0.0	1989
冷湖	2.9	1995	0.2	0.0	2018
托勒	9.3	1980	1.5	0.0	1992
野牛沟	8.6	1987	2.7	0.0	1996
祁连	7.3	1964	1.4	0.0	2011
小灶火	1.7	1972	0.2	0.0	1983
大柴旦	9.2	1995	1.9	0.0	1996
德令哈	14.8	2017	3.2	0.0	1986
天峻	7.8	1976	1.6	0.0	1984
刚察	5.3	2019	2.0	0.0	1985
门源	17.9	2006	4.2	0.1	2002

站名	历史最大值和出现年份		常年值	历史最小值和出现年份	
	降水量（mm）	年份		降水量（mm）	年份
格尔木	3.4	2017	0.3	0.0	1994
诺木洪	4.9	2015	0.3	0.0	1986
乌兰	8.4	2007	1.8	0.0	1984
都兰	20.5	2015	3.7	0.0	1958
茶卡	7.3	2009	1.7	0.0	2016
海晏	7.7	2006	1.6	0.0	1956
湟源	9.9	1976	1.8	0.0	1985
共和	13.8	1976	1.7	0.0	1984
大通	16.1	1976	4.3	0.4	2002
互助	20.1	1976	4.1	0.0	1956
西宁	12.8	1976	2.1	0.0	2003
贵德	3.2	1976	0.3	0.0	2009
湟中	26.4	1976	5.2	0.0	1985
乐都	7.5	2006	1.6	0.0	2003
平安	7.7	1993	1.4	0.0	2003
民和	15.0	1959	2.8	0.0	1998
化隆	14.8	1976	3.9	0.0	2003
五道梁	9.0	1998	2.0	0.0	1977
兴海	8.7	1976	1.6	0.0	1963
贵南	9.3	1976	2.9	0.0	1986
同德	13.2	1989	3.1	0.0	2000
尖扎	6.4	1976	0.7	0.0	1981
泽库	12.3	2013	4.4	0.0	1963
循化	3.1	1974	0.4	0.0	2014
同仁	13.1	1993	3.8	0.0	1981
沱沱河	8.8	2012	1.8	0.0	1984
治多	7.6	1995	3.0	0.1	2010
杂多	23.5	2014	7.0	0.0	2016
曲麻莱	8.7	2013	3.3	0.0	1969
玉树	15.9	2008	4.5	0.0	1969
玛多	12.5	2019	4.8	0.3	1963
清水河	23.4	2014	6.6	0.1	1969
玛沁	18.5	1991	4.3	0.0	1963
甘德	22.0	2012	7.9	0.5	1981
达日	24.8	2019	7.3	0.6	1963

续表

站名	历史最大值和出现年份		常年值	历史最小值和出现年份	
	降水量(mm)	年份		降水量(mm)	年份
河南	20.0	2019	5.7	0.0	1963
久治	24.6	2014	9.3	0.3	1969
襄谦	18.1	2019	3.9	0.0	1973
班玛	29.1	2008	9.3	0.0	2011

附表 2.3　3 月降水量历史最大(小)值和出现年份及常年值

站名	历史最大值和出现年份		常年值	历史最小值和出现年份	
	降水量(mm)	年份		降水量(mm)	年份
茫崖	5.4	2005	1.2	0.0	2012
冷湖	2.1	2010	0.3	0.0	1973
托勒	12.6	2007	3.7	0.0	2018
野牛沟	19.2	1988	9.5	0.4	1976
祁连	21.1	2016	7.2	0.0	1975
小灶火	5.0	1974	0.7	0.0	1995
大柴旦	18.0	2017	3.7	0.0	2001
德令哈	34.3	2007	6.2	0.0	2013
天峻	32.1	1993	6.5	0.0	1958
刚察	20.1	1993	5.7	0.0	2013
门源	47.9	2005	17.4	1.5	2013
格尔木	8.2	1987	1.3	0.0	2019
诺木洪	7.3	2017	0.4	0.0	2016
乌兰	14.5	2017	3.7	0.0	1985
都兰	27.0	1993	8.6	0.0	1965
茶卡	21.0	1990	4.1	0.0	1972
海晏	23.3	1998	5.5	0.0	2013
湟源	27.3	2016	8.4	0.0	1965
共和	22.2	1993	5.7	0.0	2001
大通	38.6	2009	17.4	0.5	2001
互助	37.8	2016	15.5	0.0	2001
西宁	28.1	2016	8.8	0.0	1965
贵德	17.6	1961	2.1	0.0	1966
湟中	35.3	1998	14.6	0.0	2013
乐都	23.5	2016	7.2	0.0	2013
平安	27.0	2016	5.7	0.0	2013
民和	25.9	1961	10.2	0.0	2001

站名	历史最大值和出现年份		常年值	历史最小值和出现年份	
	降水量(mm)	年份		降水量(mm)	年份
化隆	26.9	1981	12.2	0.0	2001
五道梁	13.4	2000	3.8	0.0	2016
兴海	18.0	2005	5.7	0.0	1972
贵南	42.8	1993	8.1	0.0	1994
同德	26.4	1998	9.3	0.0	2013
尖扎	20.7	1964	5.2	0.0	2013
泽库	26.4	1988	11.3	0.0	2013
循化	15.4	2008	2.8	0.0	2001
同仁	36.4	1998	11.3	0.0	2013
沱沱河	12.2	2017	2.0	0.0	2016
治多	19.3	2006	5.8	0.4	1972
杂多	28.4	2012	9.8	0.1	1984
曲麻莱	20.8	2018	6.7	0.1	2004
玉树	34.9	2012	9.0	0.1	1964
玛多	22.6	1997	9.6	0.2	1962
清水河	32.0	2019	12.1	0.5	2004
玛沁	22.2	2018	8.4	0.0	2013
甘德	25.2	2017	14.3	1.9	1962
达日	39.4	2014	13.8	2.6	1964
河南	25.2	2016	13.8	0.1	2013
久治	45.2	1978	20.7	1.9	1975
襄谦	24.6	2019	6.9	0.2	2010
班玛	40.8	2018	18.0	0.7	1971

附表 2.4　4 月降水量历史最大(小)值和出现年份及常年值

站名	历史最大值和出现年份		常年值	历史最小值和出现年份	
	降水量(mm)	年份		降水量(mm)	年份
茫崖	15.4	1978	1.5	0.0	1992
冷湖	7.3	2002	0.4	0.0	1983
托勒	26.6	1989	8.4	0.0	1993
野牛沟	48.3	2019	15.2	2.0	1968
祁连	48.7	2019	14.6	0.1	1978
小灶火	6.5	1970	0.5	0.0	2011
大柴旦	20.2	1981	3.6	0.0	2009
德令哈	40.6	1981	8.7	0.0	2012

续表

站名	历史最大值和出现年份		常年值	历史最小值和出现年份	
	降水量（mm）	年份		降水量（mm）	年份
天峻	55.0	1989	13.7	0.2	1993
刚察	40.4	2019	11.5	1.4	1975
门源	80.9	1964	33.1	7.1	1962
格尔木	12.3	1970	1.6	0.0	1966
诺木洪	8.0	2001	1.7	0.0	1962
乌兰	39.2	1989	8.4	0.0	1993
都兰	39.4	2015	12.0	0.0	1992
茶卡	51.3	1989	9.9	0.0	1999
海晏	62.8	1997	17.4	1.2	2011
湟源	64.9	1997	21.7	1.6	1993
共和	47.8	1989	13.8	0.0	1999
大通	126.2	2014	34.4	6.6	1962
互助	90.3	1964	28.7	3.8	2012
西宁	67.3	1997	21.1	2.1	1993
贵德	45.7	1997、2004	13.5	0.0	1993
湟中	107.3	1997	32.3	6.6	1993
乐都	61.5	1964	15.3	0.3	1988
平安	53.9	1997	15.9	1.9	1993
民和	69.4	2014	19.2	0.4	2005
化隆	65.0	1970	24.2	3.0	1999
五道梁	21.0	2016	6.8	0.3	2007
兴海	39.3	1989	13.1	0.0	2000
贵南	54.7	2004	19.4	0.2	1993
同德	63.2	2016	18.6	0.1	2007
尖扎	48.0	1990	16.0	0.0	1993
泽库	57.2	2018	23.5	1.3	1993
循化	38.1	2016	9.8	0.0	1993
同仁	63.7	1977	22.5	0.3	1993
沱沱河	25.4	2019	5.4	0.0	1999
治多	30.5	2001	10.3	0.9	2003
杂多	44.1	2012	15.0	1.0	1999
曲麻莱	32.1	2013	12.2	0.5	2003
玉树	39.0	1986	16.6	1.9	1967
玛多	32.5	2015	12.1	0.6	1959
清水河	47.0	1982	20.5	4.5	1999

续表

站名	历史最大值和出现年份		常年值	历史最小值和出现年份	
	降水量(mm)	年份		降水量(mm)	年份
玛沁	45.5	2016	19.2	2.3	2007
甘德	68.7	1982	24.1	6.0	2000
达日	72.5	2018	24.5	7.6	2010
河南	72.2	1971	26.3	6.8	1993
久治	74.6	1994	40.7	17.5	1996
囊谦	48.0	2017	15.4	0.6	1967
班玛	78.9	2009	33.7	8.7	1967

附表 2.5　5 月降水量历史最大(小)值和出现年份及常年值

站名	历史最大值和出现年份		常年值	历史最小值和出现年份	
	降水量(mm)	年份		降水量(mm)	年份
茫崖	34.7	1986	5.3	0.0	1961
冷湖	12.2	1997	1.7	0.0	2011
托勒	86.2	1964	34.8	0.0	1995
野牛沟	86.9	2009	40.4	5.6	1981
祁连	99.0	1964	45.8	7.6	1981
小灶火	21.2	2012	3.7	0.0	1991
大柴旦	66.5	1967	13.7	0.0	1985
德令哈	76.3	1986	27.6	0.0	1972
天峻	107.1	1964	43.6	8.2	1995
刚察	95.4	2017	38.3	2.9	1995
门源	119.6	1991	72.8	21.5	2005
格尔木	23.2	1967	5.1	0.0	1968
诺木洪	37.0	1967	7.0	0.0	1957
乌兰	59.2	2005	25.7	0.1	1995
都兰	78.6	2005	30.1	0.0	1995
茶卡	74.0	1967	26.0	1.3	1995
海晏	86.6	1985	44.8	13.1	1981
湟源	130.2	1967	49.2	8.9	1981
共和	96.9	1964	41.8	6.2	2000
大通	126.5	1964	66.2	22.1	1981
互助	138.6	1964	65.1	16.8	1981
西宁	126.1	1967	51.9	9.3	1981
贵德	69.0	1984	34.4	3.7	1995
湟中	188.4	1967	71.0	8.7	1989

站名	历史最大值和出现年份		常年值	历史最小值和出现年份	
	降水量(mm)	年份		降水量(mm)	年份
乐都	96.2	1967	44.4	1.3	1981
平安	82.6	1993	44.2	4.3	1989
民和	143.0	1967	47.1	1.9	1981
化隆	111.5	1967	60.9	13.0	1981
五道梁	49.5	2016	26.6	2.5	1966
兴海	106.7	1967	50.1	7.2	2014
贵南	146.2	2019	58.7	6.2	2000
同德	122.9	1964	53.7	8.9	1995
尖扎	108.0	2010	48.3	2.4	1981
泽库	137.1	2016	56.2	12.5	1995
循化	78.6	2002	34.6	2.8	1961
同仁	115.5	1964	58.6	8.5	1995
沱沱河	54.7	1974	19.9	0.0	1966
治多	102.7	1989	36.1	15.3	1979
杂多	106.3	2013	54.1	8.4	1966
曲麻莱	94.0	1989	38.4	7.3	1966
玉树	106.8	1999	55.2	18.4	1966
玛多	65.8	2004	33.6	1.8	1995
清水河	105.1	2013	55.2	19.1	1995
玛沁	109.2	2013	56.1	25.6	2006
甘德	122.4	2013	59.8	26.6	2006
达日	142.8	2013	58.7	21.8	1966
河南	154.0	1967	70.2	36.6	1999
久治	161.4	1967	88.9	43.4	1971
襄谦	111.5	1962	56.8	17.3	1995
班玛	134.9	1999	83.9	43.3	1981

附表 2.6 6 月降水量历史最大(小)值和出现年份及常年值

站名	历史最大值和出现年份		常年值	历史最小值和出现年份	
	降水量(mm)	年份		降水量(mm)	年份
茫崖	54.1	1986	12.2	1.0	2009
冷湖	27.7	2011	3.0	0.0	1991
托勒	130.0	1985	66.6	24.3	1963
野牛沟	145.4	2014	66.9	26.3	1971
祁连	147.9	2014	73.8	32.6	2010

站名	历史最大值和出现年份		常年值	历史最小值和出现年份	
	降水量(mm)	年份		降水量(mm)	年份
小灶火	35.5	2018	5.6	0.0	2009
大柴旦	60.7	2015	20.3	0.5	1966
德令哈	103.7	1989	40.8	1.0	1957
天峻	150.5	1994	81.5	19.5	1979
刚察	135.0	2000	76.8	27.6	1979
门源	173.4	1958	88.9	41.3	1982
格尔木	31.4	2010	8.9	0.0	2009
诺木洪	77.5	2010	14.1	0.0	2001
乌兰	97.9	2007	40.9	9.2	1995
都兰	142.2	2010	46.1	3.6	1995
茶卡	108.5	2010	49.6	7.4	1966
海晏	130.9	1986	68.2	27.3	1980
湟源	132.0	2014	71.3	30.1	1980
共和	98.9	1976	56.9	6.6	1966
大通	187.0	2014	86.3	29.2	1960
互助	168.0	2019	77.4	21.1	2018
西宁	111.0	1987	64.0	19.8	1997
贵德	85.0	1976	42.1	10.6	1957
湟中	156.0	1987	86.6	26.6	1966
乐都	119.0	1986	51.2	6.9	2018
平安	110.0	1994	52.6	10.6	2018
民和	123.0	1986	46.4	9.7	1962
化隆	129.0	2019	70.3	28.9	1980
五道梁	110.0	1989	55.0	7.7	1966
兴海	154.0	2010	78.2	26.6	1962
贵南	153.0	2018	77.8	21.0	1966
同德	140.0	2007	87.4	25.4	1966
尖扎	106.0	1994	56.8	14.6	2018
泽库	164.0	1987	86.7	30.2	1979
循化	88.0	1986	42.9	11.0	2010
同仁	123.0	1958	64.0	18.9	2012
沱沱河	124.0	1999	60.9	12.7	1987
治多	134.0	2014	86.2	35.6	1978
杂多	215.1	2014	121.8	47.8	1966
曲麻莱	163.8	1999	87.5	13.1	1966

站名	历史最大值和出现年份		常年值	历史最小值和出现年份	
	降水量(mm)	年份		降水量(mm)	年份
玉树	183.6	2014	99.6	38.1	1966
玛多	120.4	1975	60.1	7.3	1966
清水河	194.0	2007	104.9	41.9	1966
玛沁	165.5	2007	99.9	34.1	2001
甘德	154.2	1994	106.9	43.4	2013
达日	202.5	1999	115.1	43.1	2016
河南	175.9	1992	100.4	40.9	1979
久治	237.5	1987	137.6	62.1	1997
襄谦	189.6	2012	116.2	42.0	1978
班玛	233.0	2014	131.8	49.0	2016

附表2.7 7月降水量历史最大(小)值和出现年份及常年值

站名	历史最大值和出现年份		常年值	历史最小值和出现年份	
	降水量(mm)	年份		降水量(mm)	年份
茫崖	42.1	2010	13.9	1.1	2001
冷湖	22.6	1971	4.3	0.0	2015
托勒	164.6	2017	85.5	34.4	1957
野牛沟	168.4	2013	112.9	64.7	1975
祁连	162.4	1998	103.5	56.9	2000
小灶火	20.7	1989、2005	7.8	0.0	2001
大柴旦	76.9	1992	24.0	0.5	1957
德令哈	124.2	2008	48.7	0.7	2001
天峻	171.4	2005	90.2	36.7	1985
刚察	160.7	2017	88.3	31.4	1977
门源	201.2	1989	96.0	46.3	2002
格尔木	44.0	1971	12.3	0.1	1956
诺木洪	43.5	1998	13.2	0.2	2001
乌兰	128.2	2005	50.1	3.0	2001
都兰	108.5	2006	44.1	4.0	2001
茶卡	127.3	1989	54.2	10.2	2001
海晏	165.4	1955、2012	89.0	31.2	2000
湟源	151.3	1989	88.3	45.2	2000
共和	153.5	1989	73.4	24.8	1990
大通	188.6	2012	103.7	53.7	1969
互助	191.3	1964	95.0	41.9	2002

站名	历史最大值和出现年份		常年值	历史最小值和出现年份	
	降水量(mm)	年份		降水量(mm)	年份
西宁	157.2	1979	81.0	31.2	1982
贵德	92.5	1979	52.5	22.9	2002
湟中	197.0	2012	105.8	35.6	2002
乐都	180.4	1979	66.8	15.0	2002
平安	160.7	2018	72.3	23.1	2000
民和	156.8	1979	59.7	11.3	1982
化隆	171.8	1979	88.0	23.7	2000
五道梁	171.2	2002	81.7	25.3	1978
兴海	170.6	2008	86.6	31.1	1977
贵南	190.1	1993	91.6	37.0	1977、1961
同德	197.2	2012	92.9	44.3	2000
尖扎	164.9	1979	74.9	20.4	2017
泽库	178.9	2003	108.6	46.6	1958
循化	131.8	1979	67.3	11.7	2017
同仁	154.1	1995	81.4	16.3	2017
沱沱河	179.5	2009	80.1	13.5	1994
治多	191.9	2009	94.3	32.8	2015
杂多	215.7	1984	113.8	38.4	1999
曲麻莱	198.1	2012	95.0	26.2	2015
玉树	196.8	1970	97.2	44.2	2015
玛多	173.0	2009	72.0	23.8	2001
清水河	239.9	2012	105.2	32.3	2001
玛沁	196.8	1964	114.4	39.1	2017
甘德	187.3	2012	106.9	43.8	2001
达日	230.1	1966	114.9	44.6	2017
河南	259.2	1979	118.8	38.5	2015
久治	276.6	1966	134.2	54.0	2015
襄谦	228.0	1970	118.2	37.2	1994
班玛	228.3	1983	106.2	46.7	2001

附表 2.8 8 月降水量历史最大(小)值和出现年份及常年值

站名	历史最大值和出现年份		常年值	历史最小值和出现年份	
	降水量(mm)	年份		降水量(mm)	年份
茫崖	26.2	1981	6.6	0.0	2009
冷湖	30.5	1972	2.7	0.0	1988

站名	历史最大值和出现年份		常年值	历史最小值和出现年份	
	降水量(mm)	年份		降水量(mm)	年份
托勒	112.5	1999	65.8	22.3	1984
野牛沟	166.5	2016	94.2	54.6	2018
祁连	164.2	2016	90.1	45.5	1965
小灶火	25.8	1972	6.1	0.0	1994
大柴旦	66.2	1991	13.2	0.0	1976
德令哈	137.1	1977	29.5	1.1	1965
天峻	172.6	2018	70.8	12.5	1962
刚察	227.5	2016	95.4	44.7	1962、1973
门源	208.6	1970	105.1	55.8	1991
格尔木	34.3	1967	8.2	0.0	2002
诺木洪	27.0	1988	7.6	0.0	1965
乌兰	135.9	2016	29.4	7.7	1997
都兰	92.9	1967	25.9	3.9	1960、2015
茶卡	141.7	2018	39.9	3.3	2000
海晏	154.7	2017	90.6	23.4	1984
湟源	205.4	1961	85.2	35.4	1984
共和	174.7	1967	67.9	17.4	1957
大通	265.9	2013	98.9	45.6	1991
互助	220.0	1967	100.6	37.8	1987
西宁	175.6	2007	80.9	29.8	1963
贵德	138.8	2018	51.8	17.0	1987
湟中	242.8	1961	100.5	41.0	2016
乐都	186.7	2018	70.6	25.0	1963
平安	176.1	2018	69.3	21.7	2002
民和	198.0	1961	72.6	20.6	1987
化隆	186.6	2018	88.1	35.7	1987
五道梁	158.1	2017	70.0	15.7	1984
兴海	195.3	2018	69.8	27.6	1977
贵南	315.0	2018	76.9	27.8	1957
同德	195.7	2017	66.2	27.9	1957
尖扎	193.9	2018	69.7	23.3	2002
泽库	224.4	2017	86.9	32.7	2002
循化	163.1	1959	57.0	12.8	1987
同仁	220.7	2018	70.2	25.8	1996
沱沱河	138.2	1967	66.1	7.9	1984

站名	历史最大值和出现年份		常年值	历史最小值和出现年份	
	降水量(mm)	年份		降水量(mm)	年份
治多	158.5	1971	83.0	21.6	2016
杂多	179.2	2014	95.3	27.6	2016
曲麻莱	142.9	1993	81.8	29.0	1984
玉树	169.6	2003	87.3	20.5	2013
玛多	151.7	1961	63.3	13.1	1977
清水河	164.7	1967	91.9	28.5	1984
玛沁	202.1	1967	92.9	39.1	2002
甘德	154.7	1985	87.2	37.3	1992
达日	187.5	1995	92.7	26.5	2013
河南	261.2	1967	90.3	41.5	1994
久治	247.1	1976	116.5	44.6	2002
囊谦	247.5	2003	103.0	21.9	2016
班玛	175.4	1979	105.3	42.1	1972

附表 2.9 9 月降水量历史最大(小)值和出现年份及常年值

站名	历史最大值和出现年份		常年值	历史最小值和出现年份	
	降水量(mm)	年份		降水量(mm)	年份
茫崖	24.8	2008	4.6	0.0	2012
冷湖	19.5	2002	1.9	0.0	1993
托勒	75.7	2001	32.9	0.5	1986
野牛沟	109.1	2001	60.5	6.6	1997
祁连	125.0	2008	60.4	14.4	1986
小灶火	20.0	2009	3.5	0.0	1968
大柴旦	35.3	2015	7.1	0.0	1956
德令哈	66.2	2009	23.0	0.0	1972
天峻	104.1	1971	44.3	6.7	1959
刚察	126.6	1971	52.8	11.9	1959
门源	147.8	2006	78.4	15.2	1991
格尔木	25.0	2007	4.8	0.0	1997
诺木洪	20.9	1998	4.9	0.0	1956
乌兰	56.0	2016	23.4	0.2	1991
都兰	45.1	2002	16.6	0.0	1965
茶卡	75.0	1971	28.8	0.0	1991
海晏	115.2	2011	60.7	7.0	1956
湟源	110.2	2006	62.7	10.8	1991

站名	历史最大值和出现年份		常年值	历史最小值和出现年份	
	降水量(mm)	年份		降水量(mm)	年份
共和	85.4	2008	45.7	3.2	1956
大通	154.8	1971	71.7	31.2	1959
互助	179.5	1971	75.8	21.9	1991
西宁	108.4	1955	61.0	9.5	1972
贵德	94.0	1975	42.2	4.0	1972
湟中	144.6	2001	80.0	10.3	1991
乐都	100.8	1961	49.3	12.6	1986
平安	95.2	1999	53.4	12.5	1991
民和	103.1	2015	50.9	5.6	1986
化隆	132.1	1992	66.1	11.2	1972
五道梁	85.0	2011	44.0	3.4	1984
兴海	118.9	2009	53.6	3.9	1991
贵南	130.7	2009	57.6	19.5	1980
同德	128.4	2001	58.0	20.4	1991
尖扎	112.5	2008	55.0	5.4	1972
泽库	148.2	2008	79.2	20.7	1973
循化	93.5	1961	42.3	1.9	1972
同仁	109.7	1992	64.8	8.7	1972
沱沱河	106.8	2002	42.6	6.7	1984
治多	138.0	1989	71.7	30.3	1984
杂多	165.0	1985	80.1	33.5	1959
曲麻莱	121.9	1981	68.9	8.3	1959
玉树	136.0	2018	72.8	18.4	1959
玛多	122.8	1981	49.3	10.6	1970
清水河	135.2	1981	76.6	16.0	1959
玛沁	176.8	1981	79.6	25.0	1962
甘德	188.3	1981	77.4	29.3	2010
达日	196.9	1963	81.7	31.5	2010
河南	184.0	1971	89.1	46.1	1998
久治	230.0	1981	109.1	48.6	1962
襄谦	144.5	1996	82.0	34.0	2009
班玛	208.2	1971	93.1	42.5	2007

附表 2.10　10 月降水量历史最大(小)值和出现年份及常年值

站名	历史最大值和出现年份		常年值	历史最小值和出现年份	
	降水量(mm)	年份		降水量(mm)	年份
茫崖	4.7	1995	0.7	0.0	2012
冷湖	3.0	2006	0.2	0.0	1963
托勒	26.5	2014	7.8	0.0	2000
野牛沟	37.1	1988、2007	15.3	0.2	1972
祁连	38.1	1989	14.7	0.5	1984
小灶火	5.5	2006	0.6	0.0	2011
大柴旦	12.5	2004	1.3	0.0	1982
德令哈	33.2	1973	6.7	0.0	2000
天峻	49.3	1989	9.1	0.0	1972
刚察	42.3	1988	14.6	0.0	1972
门源	70.0	1960	25.9	2.9	1987
格尔木	14.3	1973	0.7	0.0	2001
诺木洪	16.4	1973	0.8	0.0	1962
乌兰	20.6	1985	4.7	0.0	2001
都兰	27.9	1985	5.5	0.0	1991
茶卡	25.9	1967	6.0	0.0	1972
海晏	56.6	1989	19.2	2.7	1991
湟源	59.2	1965	21.4	1.7	1972
共和	67.8	1965	13.5	0.0	1989
大通	71.0	1978	31.4	2.2	1972
互助	87.7	1978	29.9	3.8	1980
西宁	69.9	1978	21.0	0.8	1972
贵德	73.3	1961	11.7	0.1	1972
湟中	78.0	2016	30.9	2.0	1980
乐都	61.7	1961	18.3	0.7	1980
平安	48.0	2016	19.3	5.7	1993
民和	65.4	2007	23.6	1.9	1976
化隆	76.9	1961	27.9	4.3	1981
五道梁	37.1	1973	7.7	0.0	1988
兴海	50.1	1961	15.2	0.7	2002
贵南	68.8	1961	19.5	0.0	1972
同德	92.1	1961	22.4	0.1	2002
尖扎	55.4	1978	18.3	1.9	2002
泽库	78.1	2007	28.8	0.8	1972
循化	47.8	2007	13.7	0.3	1972

站名	历史最大值和出现年份		常年值	历史最小值和出现年份	
	降水量(mm)	年份		降水量(mm)	年份
同仁	70.9	1961	25.7	2.0	1998
沱沱河	79.3	1985	10.9	0.0	1988
治多	79.7	2009	21.6	1.5	1994
杂多	129.4	1983	27.7	0.3	1981
曲麻莱	63.5	1973	20.3	1.6	1984
玉树	76.8	2016	30.4	5.2	1969
玛多	54.0	1999	18.5	2.7	1981
清水河	70.1	2005	31.3	4.1	1981
玛沁	89.0	1971	30.9	7.3	2002
甘德	80.9	1983	35.0	11.4	2002
达日	70.3	2017	34.9	12.1	1979
河南	113.1	1961	36.8	5.4	2002
久治	126.0	1988	58.6	10.7	1986
囊谦	81.4	2008	31.1	4.9	1981
班玛	102.1	2016	49.2	12.2	1969

附表 2.11　11 月降水量历史最大(小)值和出现年份及常年值

站名	历史最大值和出现年份		常年值	历史最小值和出现年份	
	降水量(mm)	年份		降水量(mm)	年份
茫崖	1.8	1977、2018	0.1	0.0	1989
冷湖	0.9	1982	0.1	0.0	1960
托勒	6.9	2013	0.8	0.0	1995
野牛沟	8.4	1961	2.4	0.0	2017
祁连	9.4	2003	1.6	0.0	2008
小灶火	4.7	2018	0.3	0.0	2011
大柴旦	11.9	2018	0.6	0.0	2011
德令哈	31.8	2018	1.5	0.0	1992
天峻	15.7	1977	0.8	0.0	1995
刚察	12.7	1967	1.6	0.0	1983
门源	19.6	2018	3.6	0.0	1957
格尔木	5.4	2014	0.5	0.0	1969
诺木洪	4.8	2018	0.2	0.0	1966
乌兰	12.3	2018	1.0	0.0	1991
都兰	37.6	2018	3.5	0.0	1970
茶卡	13.3	2018	0.7	0.0	1994

站名	历史最大值和出现年份		常年值	历史最小值和出现年份	
	降水量（mm）	年份		降水量（mm）	年份
海晏	18.2	2018	3.7	0.0	2010
湟源	36.6	2018	4.4	0.0	1998
共和	20.9	2018	1.7	0.0	2003
大通	20.7	1982	5.8	0.0	2017
互助	36.1	2018	5.6	0.0	1998
西宁	29.0	2018	3.6	0.0	1993
贵德	13.9	2011	1.6	0.0	1988
湟中	41.8	2018	7.1	0.0	1998
乐都	12.3	2018	2.4	0.0	1956
平安	12.9	2014	2.5	0.0	1998
民和	24.3	2018	2.8	0.0	1991
化隆	25.8	2018	4.8	0.0	1983
五道梁	9.1	1963	1.2	0.0	1970
兴海	15.4	2018	1.2	0.0	1998
贵南	14.5	1977	1.9	0.0	1976
同德	19.7	2018	2.3	0.0	1993
尖扎	10.2	1977	1.2	0.0	1988
泽库	15.8	2011	3.1	0.0	1957
循化	5.9	1977	0.6	0.0	1985
同仁	20.8	2018	2.9	0.0	1991
沱沱河	7.4	1997	1.1	0.0	1976
治多	7.6	1974	2.0	0.0	1983
杂多	18.9	1995	4.8	0.0	1987
曲麻莱	12.7	2013	2.6	0.0	1992
玉树	16.2	1981	3.4	0.0	1960
玛多	19.9	2018	3.1	0.0	1953
清水河	17.6	2018	5.2	0.0	1980
玛沁	11.7	2009	3.5	0.0	1998
甘德	23.6	2018	5.3	0.1	1983
达日	16.9	2018	5.2	0.0	2016
河南	23.7	2011	4.5	0.0	1983
久治	26.4	1975	8.2	0.9	1999
囊谦	21.0	1995	4.3	0.0	1980
班玛	20.1	1975	6.4	0.0	1974

附表 2.12　12 月降水量历史最大(小)值和出现年份及常年值

站名	历史最大值和出现年份		常年值	历史最小值和出现年份	
	降水量(mm)	年份		降水量(mm)	年份
茫崖	2.4	2006	0.4	0.0	1972
冷湖	2.9	1986	0.3	0.0	2011
托勒	5.0	2006	0.7	0.0	1962
野牛沟	3.8	1986	0.9	0.0	2013
祁连	4.4	1988	0.7	0.0	1973
小灶火	3.4	1977	0.3	0.0	2011
大柴旦	6.4	1985	1.2	0.0	1970
德令哈	11.0	1985	2.3	0.0	1996
天峻	10.3	1972	0.5	0.0	1959
刚察	3.8	1986	0.8	0.0	1978
门源	5.9	2007	1.8	0.0	1971
格尔木	5.4	1992	0.7	0.0	1972
诺木洪	4.4	1992	0.6	0.0	2007
乌兰	4.6	1986	1.0	0.0	1997
都兰	12.8	1987	3.6	0.0	1996
茶卡	3.3	2003	0.5	0.0	1963
海晏	5.3	2006	1.9	0.0	1996
湟源	6.0	2013	1.4	0.0	1973
共和	5.6	2003	1.2	0.0	1987
大通	8.9	1963	2.6	0.0	2005
互助	10.3	1963	2.1	0.0	1973
西宁	9.4	1986	1.5	0.0	1955
贵德	7.4	1986	0.5	0.0	2008
湟中	10.1	1969	2.9	0.0	1973
乐都	4.5	1963	0.9	0.0	1992
平安	4.8	2003	0.7	0.0	2014
民和	8.3	1958	1.0	0.0	1957
化隆	8.8	1986	2.2	0.0	1980
五道梁	6.3	1987	1.3	0.0	1981
兴海	12.4	1986	1.2	0.0	1999
贵南	7.8	1989	1.6	0.0	1973
同德	9.9	1954	1.6	0.0	1967
尖扎	3.5	2018	0.4	0.0	2012
泽库	8.0	1958	1.3	0.0	1969
循化	2.6	1958	0.2	0.0	1992

续表

站名	历史最大值和出现年份		常年值	历史最小值和出现年份	
	降水量(mm)	年份		降水量(mm)	年份
同仁	6.4	2018	0.8	0.0	1978
沱沱河	7.4	1987	1.3	0.0	1976
治多	10.8	1987	2.3	0.0	2004
杂多	22.7	1997	3.9	0.0	1960
曲麻莱	7.4	1957	2.1	0.0	1971
玉树	14.2	1995	2.1	0.0	2008
玛多	13.7	1954	2.4	0.0	1962
清水河	17.6	1956	3.8	0.0	1975
玛沁	9.4	1997	1.6	0.0	1980
甘德	17.5	1997	3.1	0.0	1960
达日	10.9	1997	3.4	0.0	1960
河南	8.4	1997	2.5	0.0	1960
久治	9.6	2014	3.3	0.0	1988
囊谦	11.6	2014	1.2	0.0	1996
班玛	12.8	2000	2.8	0.0	2005

附表3 1—12月各气象站月平均气温历史最高(低)值和出现年份及常年值统计

附表 3.1 1月平均气温历史最高(低)值和出现年份及常年值

站名	历史最高值和出现年份		常年值	历史最低值和出现年份	
	平均气温(℃)	年份		平均气温(℃)	年份
茫崖	−7.7	2010	−11.0	−17.5	1963
冷湖	−9.0	2006	−12.0	−15.7	1995
托勒	−12.8	2006、2010	−16.9	−23.7	1978
野牛沟	−12.3	2006、2010	−16.3	−21.6	1978
祁连	−9.5	2010	−12.6	−15.7	1963
小灶火	−7.0	2006	−10.7	−14.6	1978
大柴旦	−8.3	2006	−12.6	−17.5	1978
德令哈	−5.8	2006	−10.2	−16.8	1963
天峻	−8.9	2010	−13.4	−18.0	1964
刚察	−9.7	2010	−13.0	−16.4	1964、1993
门源	−8.7	2006	−12.6	−17.8	1983
格尔木	−5.0	2006	−8.4	−13.0	1967
诺木洪	−5.4	2006	−9.2	−12.6	1978、1993
乌兰	−7.3	2006	−10.8	−14.2	1998
都兰	−5.9	2006	−9.4	−13.1	1978
茶卡	−7.8	2010	−11.4	−15.0	1962
海晏	−9.4	2010	−12.9	−16.6	1962
湟源	−4.7	2010	−9.7	−12.7	1964
共和	−5.4	2010	−9.0	−13.0	1963
大通	−4.9	2010	−9.3	−14.0	1964
互助	−6.2	2010	−9.7	−14.0	1964
西宁	−4.2	1997	−6.7	−11.2	2011
贵德	−2.3	2015	−5.7	−8.6	1984
湟中	−4.9	2010	−7.9	−13.4	1964
乐都	−2.8	2015	−5.8	−9.2	1977
平安	−3.6	2015	−6.2	−10.0	2011
民和	−2.7	2015	−5.8	−9.4	2011
化隆	−6.3	2010	−9.6	−13.2	1984
五道梁	−11.8	2006	−16.2	−19.4	1978

站名	历史最高值和出现年份		常年值	历史最低值和出现年份	
	平均气温(℃)	年份		平均气温(℃)	年份
兴海	−6.9	2006	−11.0	−15.0	1962
贵南	−6.6	2006	−10.6	−14.1	1963
同德	−4.9	2006	−11.4	−16.2	1963、1971、1993
尖扎	−2.0	2010	−5.1	−7.9	1984
泽库	−8.7	2006	−13.3	−17.7	1963
循化	−1.5	2015	−4.3	−6.9	1977
同仁	−3.1	2010	−6.6	−10.1	1984
沱沱河	−9.9	2006	−16.1	−29.5	1986
治多	−6.7	2006	−12.3	−16.7	1996
杂多	−4.1	2006	−10.4	−16.5	1991
曲麻莱	−7.6	2006	−13.6	−19.5	1986
玉树	−1.8	2006	−6.8	−11.6	1963、1991
玛多	−10.2	2006	−15.7	−26.6	1978
清水河	−10.4	2006	−16.6	−22.2	1975
玛沁	−6.4	2006	−11.9	−16.3	1963
甘德	−9.7	2006	−14.6	−19.3	1991
达日	−7.1	2006	−12.0	−16.3	1963
河南	−7.1	1972	−12.9	−18.8	1993
久治	−5.8	2006	−9.7	−14.9	1962
囊谦	−1.9	2006	−5.6	−9.7	1963
班玛	−3.0	2006	−7.2	−9.7	1962、1983

附表 3.2　2月平均气温历史最高(低)值和出现年份及常年值

站名	历史最高值和出现年份		常年值	历史最低值和出现年份	
	平均气温(℃)	年份		平均气温(℃)	年份
茫崖	−2.7	2006	−6.8	−11.2	1968
冷湖	−4.8	2011	−8.0	−14.0	2008
托勒	−9.4	1998	−12.7	−18.4	2008
野牛沟	−9.7	1993	−12.8	−17.7	2008
祁连	−5.9	1993、1998、2007	−8.7	−12.6	1968
小灶火	−2.1	2006	−6.2	−11.4	1968
大柴旦	−4.1	2011	−8.3	−13.5	2008
德令哈	−2.7	2006	−5.8	−12.1	1968
天峻	−6.9	2006、2013	−10.5	−15.8	1961
刚察	−7.2	2009、2013	−9.8	−14.5	1968

续表

站名	历史最高值和出现年份		常年值	历史最低值和出现年份	
	平均气温(℃)	年份		平均气温(℃)	年份
门源	−4.0	2009	−8.2	−12.9	1977
格尔木	−0.5	2006	−4.2	−10.4	1968
诺木洪	−1.2	2006	−4.7	−9.0	1968
乌兰	−3.5	2006	−6.3	−10.6	1983
都兰	−3.1	2011	−6.0	−10.9	1983
茶卡	−4.8	2006	−8.0	−12.5	1961
海晏	−5.6	2009	−8.9	−12.7	1961
湟源	−1.9	2009	−6.1	−10.7	1968
共和	−1.9	2013	−4.9	−9.7	1961
大通	−1.1	2009	−5.2	−11.3	1968
互助	−2.5	2009	−5.7	−12.9	1968
西宁	−0.1	1998	−3.0	−7.9	2008
贵德	1.4	2017	−1.6	−5.5	2008
湟中	−1.9	2009	−5.1	−11.9	1968
乐都	1.4	2007	−2.0	−6.6	1972
平安	0.6	2007	−2.3	−6.6	2008
民和	2.3	2007	−1.7	−6.9	1972
化隆	−3.6	2009	−6.8	−11.3	1968
五道梁	−9.7	2006	−14.2	−18.9	1997
兴海	−4.8	2009	−7.4	−11.9	1961
贵南	−4.2	2006	−6.7	−10.9	1983
同德	−2.6	2013	−7.5	−13.1	1983
尖扎	2.0	2009	−1.2	−5.0	1972、2008
泽库	−7.3	2019	−10.3	−15.1	1983
循化	2.3	2009	−0.4	−4.9	2008
同仁	0.0	2009	−3.2	−7.3	1968、2008
沱沱河	−8.3	2006	−13.2	−20.8	1986
治多	−5.7	1999	−9.5	−13.9	2008
杂多	−3.8	2006	−7.6	−12.9	1983
曲麻莱	−6.7	1999	−10.4	−14.8	1983
玉树	−0.2	1999	−3.9	−8.2	1983
玛多	−8.8	1999	−12.6	−20.6	1975
清水河	−8.8	1999	−13.5	−19.1	1997
玛沁	−5.2	2009	−8.8	−13.6	1983
甘德	−7.2	1999	−11.3	−16.2	1983

站名	历史最高值和出现年份		常年值	历史最低值和出现年份	
	平均气温(℃)	年份		平均气温(℃)	年份
达日	−5.0	1999	−9.0	−13.7	1983
河南	−5.4	1969	−9.2	−14.0	2008
久治	−3.6	1999、2006、2019	−7.0	−10.7	1983
囊谦	0.3	1999、2006、2018	−2.7	−7.1	1983
班玛	−1.0	1999	−4.3	−8.4	1983

附表3.3　3月平均气温历史最高(低)值和出现年份及常年值

站名	历史最高值和出现年份		常年值	历史最低值和出现年份	
	平均气温(℃)	年份		平均气温(℃)	年份
茫崖	2.5	2018	−0.9	−5.3	1970
冷湖	0.7	2018	−2.2	−5.5	1970
托勒	−3.4	2018	−7.2	−10.5	1970
野牛沟	−4.5	2018	−7.5	−11.0	1970
祁连	0.7	2018	−3.3	−7.4	1970
小灶火	2.5	2018	0.0	−4.6	1962
大柴旦	0.4	2018	−2.8	−6.2	1962
德令哈	2.6	2018	−0.1	−4.0	1962
天峻	−1.9	2013	−5.5	−8.6	1983
刚察	−2.0	2013	−4.7	−7.3	1983
门源	1.2	2018	−2.7	−6.1	1962
格尔木	4.6	2018	1.2	−2.8	1962
诺木洪	4.2	2018	1.1	−1.9	1970
乌兰	1.9	2018	−0.4	−2.4	1983、1995
都兰	1.3	2018	−1.0	−3.9	1962、1970
茶卡	0.3	2013、2016	−2.3	−4.7	1983
海晏	−0.8	2018	−3.3	−5.9	2011
湟源	3.1	2013	−0.6	−3.1	1970
共和	3.8	2013	0.7	−2.8	1962
大通	4.5	2013	0.3	−3.0	1970
互助	3.7	2018	0.0	−5.1	1970
西宁	4.9	2018	2.4	−1.3	2011
贵德	7.5	2018	4.0	1.8	1983
湟中	4.0	2013	−0.2	−4.2	1970
乐都	8.1	2013	3.6	0.2	1970
平安	7.3	2018	3.2	0.1	2011

站名	历史最高值和出现年份		常年值	历史最低值和出现年份	
	平均气温(℃)	年份		平均气温(℃)	年份
民和	9.2	2018	4.0	0.8	1970
化隆	1.7	2013	−1.7	−4.9	1970
五道梁	−7.6	1969	−9.9	−13.0	1962
兴海	−0.4	2015	−2.3	−5.7	1962
贵南	0.8	2018	−1.2	−3.9	1983
同德	1.8	2015	−2.1	−5.9	1965
尖扎	8.3	2018	4.4	1.6	1970
泽库	−3.1	2015	−5.6	−9.1	1962
循化	9.4	2013	5.0	2.1	1970
同仁	6.1	2013	2.0	−0.7	1970
沱沱河	−6.1	2004	−8.2	−11.4	1965
治多	−2.4	1999	−5.1	−8.2	1962
杂多	−0.2	1999	−2.9	−7.6	1962
曲麻莱	−3.7	1996	−5.7	−9.3	1962
玉树	2.8	2004	0.5	−2.8	1962
玛多	−5.3	1972	−8.0	−11.7	1962
清水河	−5.8	2015	−8.7	−14.4	1962
玛沁	−1.6	2015	−4.0	−8.2	1962
甘德	−4.1	2015	−6.4	−9.3	1962
达日	−2.2	2015	−4.5	−8.1	1962
河南	−0.2	1972	−4.0	−6.5	1983
久治	−0.7	2015	−2.6	−6.2	1962
襄谦	4.0	2004	1.4	−2.2	1962
班玛	1.6	2004	−0.3	−3.5	1962

附表3.4 4月平均气温历史最高(低)值和出现年份及常年值

站名	历史最高值和出现年份		常年值	历史最低值和出现年份	
	平均气温(℃)	年份		平均气温(℃)	年份
茫崖	8.2	1998	4.8	1.1	1986
冷湖	7.3	2019	4.1	1.7	1995、1983
托勒	2.6	1998	−0.8	−3.6	1983
野牛沟	1.7	1998	−1.3	−4.0	1970
祁连	6.2	2009	3.0	0.6	1995
小灶火	9.0	1998	6.1	2.6	1967
大柴旦	6.7	2009	3.3	0.4	1983

站名	历史最高值和出现年份		常年值	历史最低值和出现年份	
	平均气温(℃)	年份		平均气温(℃)	年份
德令哈	9.3	2009	6.0	3.1	1983
天峻	3.5	1998	0.4	−2.3	1983
刚察	4.8	1998	1.1	−1.3	1983
门源	6.2	1998	2.9	0.5	1995
格尔木	10.4	2019	7.1	4.5	1983
诺木洪	10.1	1998	6.9	4.6	1983
乌兰	8.6	1998	5.5	2.8	1989
都兰	7.6	1998	4.5	2.1	1983、1989
茶卡	6.6	1998	3.8	1.2	1983
海晏	6.4	1998	2.7	0.4	1983
湟源	8.7	1998	5.3	3.0	1970
共和	10.1	1998	6.4	4.0	1983
大通	10.1	1998	6.1	2.7	1970
互助	9.6	1998	5.9	0.9	1970
西宁	12.9	1998	8.3	5.2	1970
贵德	12.5	2019	9.7	7.8	1970
湟中	9.7	1998	5.5	2.3	1970
乐都	13.8	1998	9.8	6.7	1970
平安	13.2	1998	9.1	6.8	1995
民和	14.3	1998	10.3	7.5	1970
化隆	8.0	1998	4.0	1.6	1970
五道梁	−2.8	2009、2019	−5.3	−7.8	1983
兴海	6.1	1998	3.3	0.9	1983、1989
贵南	7.7	1998	4.5	2.3	1982、1983
同德	7.3	2002	3.3	0.3	1983
尖扎	14.1	1998	10.4	7.8	1970
泽库	2.3	2002	−0.2	−2.9	1970
循化	14.7	1998	11.0	8.8	1970
同仁	11.4	1998	7.8	5.3	1970
沱沱河	−1.1	2009	−3.6	−6.4	1989
治多	2.3	1999	−0.7	−3.1	1983
杂多	4.5	1999	1.3	−0.7	1983
曲麻莱	1.3	1999	−1.2	−3.8	1983
玉树	7.2	1999	4.3	2.4	1968
玛多	−0.4	2009	−2.8	−5.1	1970、1983

续表

站名	历史最高值和出现年份		常年值	历史最低值和出现年份	
	平均气温(℃)	年份		平均气温(℃)	年份
清水河	−0.9	2009	−3.6	−6.1	1982
玛沁	3.0	2002	0.9	−1.4	1982
甘德	1.5	2019	−1.1	−4.0	1982
达日	2.6	1999	0.3	−1.8	1970、1982
河南	4.1	1964	1.1	−1.5	1982
久治	4.5	2019	1.7	−0.6	1982
襄谦	8.1	1999	5.0	3.1	1997
班玛	5.9	1999	3.8	1.9	1970

附表 3.5　5 月平均气温历史最高(低)值和出现年份及常年值

站名	历史最高值和出现年份		常年值	历史最低值和出现年份	
	平均气温(℃)	年份		平均气温(℃)	年份
茫崖	12.5	2007	9.8	6.0	1975
冷湖	12.5	1969	10.3	7.9	1977
托勒	6.6	2007	4.5	2.4	1975、1977
野牛沟	5.4	2007	3.6	1.9	1977
祁连	9.6	2008	7.7	5.8	1977
小灶火	13.7	2007	11.7	8.2	1964、1966
大柴旦	11.6	2007	9.2	6.6	1977
德令哈	13.7	2007	11.1	8.6	1987
天峻	7.4	2007	5.1	3.2	1987
刚察	7.7	2007	5.6	3.8	1977
门源	9.6	2007	7.3	5.3	1977、1993
格尔木	14.4	2007	12.3	9.7	1961
诺木洪	14.6	2007	12.3	10.2	1961、1977
乌兰	12.8	1995	10.5	7.7	1987
都兰	11.3	1998、2007	9.3	7.1	1987
茶卡	11.0	1995、1998、2007	8.9	6.4	1987
海晏	9.3	2007	7.1	5.3	1987
湟源	11.7	2007	9.8	8.0	1987
共和	13.2	2007	10.8	8.9	1977、1987
大通	13.4	2007	10.4	7.9	1987
互助	13.1	2007	10.5	6.9	1968、1973
西宁	15.1	2000	12.7	10.7	1993
贵德	15.6	2018	13.6	11.7	1993

站名	历史最高值和出现年份		常年值	历史最低值和出现年份	
	平均气温(℃)	年份		平均气温(℃)	年份
湟中	12.2	2007	9.9	7.7	1977
乐都	16.2	2007	14.1	11.9	1975、1993
平安	15.3	2007、2018	13.4	11.1	1993
民和	17.2	2007	14.8	12.5	1993
化隆	11.0	2007	8.6	6.8	1977、1987、1993
五道梁	1.7	1995	−0.4	−2.8	1977
兴海	10.0	1998	7.5	5.4	1977
贵南	11.0	1995	8.8	6.9	1977
同德	10.5	2007	7.5	4.9	1977
尖扎	16.9	2007	14.6	12.6	1987、1993
泽库	5.6	2007	3.8	2.0	1977
循化	17.1	2018	14.9	12.9	1993
同仁	14.2	2007	11.8	9.9	1977、1987、1993
沱沱河	3.6	1995	1.4	−0.9	1977
治多	6.8	1995	3.7	1.7	1977
杂多	8.4	1995	5.3	3.2	1977
曲麻莱	5.9	1995	3.1	0.4	1977
玉树	10.4	1979、1995	8.2	5.3	1977
玛多	4.3	1995	1.8	−0.2	1977
清水河	3.3	1995	0.9	−1.2	1977
玛沁	6.9	1998	5.0	3.0	1977
甘德	5.0	1995	3.2	1.1	1977
达日	6.1	1998	4.3	2.0	1977
河南	7.6	1979	5.0	3.5	1982
久治	7.2	1998、2010	5.3	3.1	1977
囊谦	11.5	1995	8.8	6.2	1977
班玛	9.3	1998	7.5	5.6	1977、2001

附表 3.6 6月平均气温历史最高(低)值和出现年份及常年值

站名	历史最高值和出现年份		常年值	历史最低值和出现年份	
	平均气温(℃)	年份		平均气温(℃)	年份
茫崖	16.6	2016	13.7	9.7	1973
冷湖	16.7	2018	15.1	12.4	1973
托勒	10.2	2013	8.4	5.9	1970
野牛沟	8.8	2010	7.4	5.5	1967、1970、1971

续表

站名	历史最高值和出现年份		常年值	历史最低值和出现年份	
	平均气温(℃)	年份		平均气温(℃)	年份
祁连	13.1	2010	11.4	9.6	1971
小灶火	17.3	1998、2005	15.7	12.6	1970
大柴旦	15.4	1998、2013	13.5	10.9	1973
德令哈	17.3	2013	14.5	11.9	1970
天峻	11.2	2013	8.3	6.5	1983
刚察	11.2	2013	8.7	6.7	1970
门源	12.6	2018	10.6	8.1	1963
格尔木	18.0	2009、2016	16.2	13.9	1967
诺木洪	18.3	2013	15.8	13.4	1970
乌兰	16.6	2013	13.6	11.5	1989
都兰	15.2	1998	12.8	10.1	1970
茶卡	14.9	2013	12.1	10.1	1967
海晏	12.2	2013	10.4	9.0	1977、1982
湟源	14.5	2013	12.6	11.0	1970
共和	16.9	2013	13.9	11.5	1964、1967
大通	15.7	2013、2016	13.2	10.9	1970、1973
互助	15.5	2018	13.4	9.6	1967、1973
西宁	17.7	2002	15.7	14.0	1964
贵德	19.0	2013	16.5	14.9	1964、1970
湟中	14.9	2018	13.1	11.0	1970
乐都	19.7	2011	17.3	15.2	1970、1973
平安	19.0	2018	16.7	15.4	1993、1996
民和	20.9	2018	18.2	16.3	1986
化隆	13.8	2013	11.9	10.3	1964、1970
五道梁	6.1	2013	3.2	1.3	1983
兴海	13.1	2013	10.5	8.4	1967
贵南	14.4	2013	11.8	10.0	1970
同德	14.3	2013	10.6	8.3	1967
尖扎	19.5	2013	17.6	15.9	1967、1985
泽库	9.6	2013	7.1	5.2	1973
循化	20.6	2011	17.9	16.1	1985
同仁	17.1	2013	14.7	12.7	1964
沱沱河	7.8	1998	5.4	3.1	1983
治多	9.4	2013、2016	7.3	5.4	1973
杂多	11.6	1995	9.0	7.1	1977

站名	历史最高值和出现年份		常年值	历史最低值和出现年份	
	平均气温(℃)	年份		平均气温(℃)	年份
曲麻莱	9.1	2016	6.7	4.5	1970
玉树	13.1	2013	11.5	9.2	1977
玛多	8.0	2013	5.4	3.6	1973
清水河	6.6	2013	4.7	2.6	1977
玛沁	10.3	2013	8.2	6.0	1973
甘德	8.7	2013	6.6	4.9	1977
达日	9.6	2013	7.6	5.7	1967、1973
河南	10.6	2013	8.3	6.8	1982
久治	10.9	2013	8.5	5.9	1973
襄谦	13.9	2013	12.0	9.7	1977
班玛	12.5	2013	10.6	8.6	1973

附表 3.7　7月平均气温历史最高(低)值和出现年份及常年值

站名	历史最高值和出现年份		常年值	历史最低值和出现年份	
	平均气温(℃)	年份		平均气温(℃)	年份
茫崖	18.8	2000	16.3	11.6	1979
冷湖	20.4	2010	17.7	14.2	1979
托勒	13.2	2010	10.9	8.3	1976、1979、1983
野牛沟	12.0	2000、2010	9.7	7.3	1976
祁连	16.3	2010	13.4	11.1	1976
小灶火	20.2	2000	17.9	14.7	1965
大柴旦	19.5	2000	16.2	12.4	1979
德令哈	20.5	2001	17.0	13.6	1976、1979
天峻	13.1	2010	10.7	8.6	1992
刚察	13.7	2000	11.3	8.9	1976
门源	15.4	2017	12.6	10.2	1976
格尔木	20.6	2000	18.5	15.5	1983
诺木洪	20.7	2001	18.0	14.7	1979
乌兰	19.1	2001	15.8	12.9	1992
都兰	18.7	2001	15.2	11.9	1976
茶卡	17.4	2000	14.6	11.6	1992
海晏	15.0	2000	12.5	10.6	1976
湟源	17.4	2017	14.4	12.5	1976
共和	19.4	2000	16.0	13.4	1976
大通	18.9	2017	15.1	12.6	1976、1983

站名	历史最高值和出现年份		常年值	历史最低值和出现年份	
	平均气温(℃)	年份		平均气温(℃)	年份
互助	18.5	2017	15.3	11.9	1968
西宁	21.5	2000	17.7	15.8	1983
贵德	22.3	2000、2017	18.7	16.2	1976
湟中	18.5	2000	15.2	12.6	1976
乐都	22.6	2017	19.4	16.9	1979
平安	22.1	2017	18.7	16.6	1992
民和	23.9	2017	20.3	17.5	1979
化隆	17.0	2017	13.9	12.1	1976
五道梁	8.2	2006、2010	6.0	3.3	1976、1979
兴海	15.3	2000	12.7	9.7	1976
贵南	16.4	2000	13.8	11.3	1976、1992
同德	15.8	2006、2010	12.5	9.2	1976
尖扎	23.6	2017	19.7	17.1	1976
泽库	11.6	2010	9.3	7.1	1976
循化	24.2	2017	20.1	17.7	1976
同仁	20.5	2017	16.7	14.3	1976
沱沱河	10.3	2006	8.0	5.3	1976
治多	12.0	2010	9.7	6.3	1976
杂多	13.2	2010	11.2	7.7	1976
曲麻莱	11.5	2010	9.3	5.6	1976
玉树	15.6	2010	13.3	10.2	1976
玛多	10.4	2010	8.0	4.7	1976
清水河	9.3	2010	7.0	3.3	1976
玛沁	12.4	2010	10.2	7.8	1976
甘德	10.8	2010、2018	8.8	6.0	1976
达日	11.9	2010	9.7	6.9	1976
河南	12.7	2010	10.4	8.8	1992
久治	12.8	2010	10.6	8.3	1976
囊谦	16.1	2010	13.7	10.9	1976
班玛	14.0	2006	12.2	9.9	1976

附表3.8　8月平均气温历史最高(低)值和出现年份及常年值

站名	历史最高值和出现年份		常年值	历史最低值和出现年份	
	平均气温(℃)	年份		平均气温(℃)	年份
茫崖	18.3	2016	15.5	11.4	1976

续表

站名	历史最高值和出现年份		常年值	历史最低值和出现年份	
	平均气温(℃)	年份		平均气温(℃)	年份
冷湖	19.4	2016	16.3	13.7	1976
托勒	13.4	2016	9.9	7.6	1984
野牛沟	12.1	2016	8.7	6.8	1984
祁连	15.8	2016	12.2	10.7	1984
小灶火	19.1	2016	16.6	13.2	1968
大柴旦	18.5	2016	15.0	13.0	1976
德令哈	19.7	2016	16.4	14.2	1976
天峻	13.8	2016	9.9	8.2	1984
刚察	14.4	2016	10.5	8.7	1965
门源	16.2	2016	11.5	8.8	1965
格尔木	20.0	2016	17.5	15.0	1968
诺木洪	20.3	2016	16.9	14.7	1976
乌兰	19.0	2016	15.2	13.7	1984
都兰	18.1	2016	14.5	12.4	1976
茶卡	17.2	2016	13.8	12.0	1976
海晏	15.6	2016	11.6	9.9	1976
湟源	17.6	2016	13.5	11.8	1976、1986、1987
共和	18.8	2013	15.3	12.9	1965
大通	18.9	2016	14.2	11.7	1976
互助	18.3	2016	14.3	10.6	1965
西宁	20.1	2016	16.9	14.8	2014
贵德	22.1	2016	18.4	15.9	1976
湟中	17.5	2016	14.2	11.7	1976
乐都	21.5	2016	18.5	16.0	1976
平安	21.4	2016	17.8	16.1	1993
民和	22.4	2016	19.1	16.8	1976
化隆	16.5	2016	12.9	11.0	1976
五道梁	9.0	2016	5.5	3.6	1976
兴海	15.3	2016	12.0	10.2	1965、1976
贵南	16.5	2016	13.0	11.3	1976
同德	16.7	2016	11.7	8.9	1984
尖扎	22.7	2016	18.9	16.2	1976
泽库	12.3	2016	8.6	5.5	1965
循化	22.8	2016	19.5	17.1	1976
同仁	19.7	2016	16.1	13.2	1976

站名	历史最高值和出现年份		常年值	历史最低值和出现年份	
	平均气温(℃)	年份		平均气温(℃)	年份
沱沱河	10.7	2016	7.5	5.7	1984
治多	12.6	2016	9.0	6.6	1984
杂多	13.4	2016	10.6	8.6	1965
曲麻莱	12.4	2016	8.6	6.5	1984
玉树	15.4	2016	12.5	10.5	1965、1984
玛多	11.6	2016	7.4	5.5	1984
清水河	9.0	2016	6.1	4.1	1965、1984
玛沁	13.0	2016	9.5	7.1	1965
甘德	11.2	2016	7.9	6.3	1984
达日	11.9	2016	9.0	6.7	1965
河南	13.2	2016	9.6	7.9	1984
久治	12.9	2016	9.9	7.2	1965
囊谦	16.5	2016	13.0	10.8	1965
班玛	13.8	2016	11.4	9.1	1965

附表 3.9 9 月平均气温历史最高(低)值和出现年份及常年值

站名	历史最高值和出现年份		常年值	历史最低值和出现年份	
	平均气温(℃)	年份		平均气温(℃)	年份
茫崖	12.8	1999	10.7	6.5	1971
冷湖	12.5	2009	10.8	9.0	1985
托勒	7.1	2010	5.2	3.4	1961
野牛沟	6.6	2009	4.7	2.8	1961、1986
祁连	9.7	1999、2009、2010	8.3	6.3	1974
小灶火	13.2	1998	11.7	8.7	1965
大柴旦	11.8	2009	9.8	7.5	1985
德令哈	13.2	2006	11.6	9.4	1970、1985
天峻	8.5	2009	5.9	3.7	1986
刚察	8.5	2009	6.5	4.6	1986
门源	9.9	2009	7.9	5.7	1965
格尔木	14.1	2006	12.8	10.3	1969
诺木洪	14.0	2009	12.3	9.7	1985
乌兰	12.5	1995	11.0	9.0	1981
都兰	11.7	1999	10.0	7.9	1985
茶卡	11.5	2009	9.3	7.2	1986
海晏	9.4	2009	7.5	5.4	1986

续表

站名	历史最高值和出现年份		常年值	历史最低值和出现年份	
	平均气温(℃)	年份		平均气温(℃)	年份
湟源	11.7	2010	9.7	7.8	1986
共和	13.2	2010	11.0	8.3	1966
大通	13.0	2010	10.2	7.7	1986
互助	12.0	2010	10.3	6.8	1966
西宁	14.7	1998	12.7	11.0	1967、1971
贵德	16.2	2010	13.7	11.9	1997
湟中	11.8	1998	9.9	8.0	1966、1967
乐都	15.9	2010	14.0	12.1	1966
平安	14.9	2010	13.5	12.2	1997
民和	16.3	2017	14.5	12.7	1985
化隆	10.4	2010	8.7	6.8	1985
五道梁	3.8	2010	1.9	−0.5	1979
兴海	10.0	2009	8.0	5.8	1986
贵南	11.2	2010	8.9	6.9	1961
同德	11.5	2010	7.9	5.2	1986
尖扎	17.1	2010	14.4	12.5	1966
泽库	7.3	2009	5.0	2.7	1986
循化	16.9	2010	15.1	13.4	1985
同仁	14.2	2010	12.0	9.8	1966
沱沱河	5.9	2015	4.0	1.1	1979
治多	8.0	2015	5.8	3.3	1979
杂多	9.5	1994	7.6	5.1	1979
曲麻莱	7.3	2015	5.1	2.4	1979
玉树	11.3	2009	9.6	6.6	1979
玛多	6.1	2009	3.8	1.7	1986
清水河	5.3	1994	3.0	0.8	1986
玛沁	8.9	2009	6.4	3.9	1961
甘德	6.7	2009、2018	4.7	2.8	1979、1986
达日	8.0	2009	5.9	3.7	1979
河南	8.5	1975	6.2	3.9	1986
久治	9.3	2009	7.0	4.8	1986
囊谦	12.4	2015	10.4	7.8	1979
班玛	10.4	2009	8.7	6.8	1997

附表 3.10　10 月平均气温历史最高(低)值和出现年份及常年值

站名	历史最高值和出现年份		常年值	历史最低值和出现年份	
	平均气温(℃)	年份		平均气温(℃)	年份
茫崖	6.0	2015	3.2	−0.8	1966
冷湖	4.5	2014	2.4	−0.1	1981
托勒	−0.3	2014	−2.0	−4.5	1993
野牛沟	−0.2	1982	−2.2	−5.0	1990
祁连	3.8	2006	1.9	−0.3	1981
小灶火	6.2	2006	3.6	0.8	1962
大柴旦	3.8	2014、2017	1.9	−0.7	1972
德令哈	5.8	2006、2014	4.3	1.5	1972
天峻	1.5	2014、2016	−0.6	−2.6	1997
刚察	2.1	2015	0.5	−1.0	1966
门源	3.7	2015、2017	2.2	−0.9	1966
格尔木	7.4	2006	5.4	2.1	1964
诺木洪	7.0	2014	4.9	3.2	1970
乌兰	5.3	2014	3.9	2.4	2018
都兰	4.8	1998	3.2	1.3	1966
茶卡	4.3	2014	2.1	−0.1	1970
海晏	3.0	2016、2017	1.3	0.0	1979
湟源	5.9	1964	3.8	2.3	1972
共和	6.5	2006	4.8	2.2	1966
大通	6.9	2014	4.8	2.4	1972、1981、1992
互助	6.8	2006	4.7	1.7	1966
西宁	9.2	2001	6.9	5.2	1981
贵德	10.0	2015	7.7	5.4	1992
湟中	6.3	2006	4.5	2.5	1966
乐都	10.4	2006	8.0	5.9	1981
平安	9.5	2006	7.5	5.6	1992
民和	11.1	2006	8.3	6.2	1981
化隆	5.4	2006	3.2	1.3	1981
五道梁	−2.7	2011、2017	−4.8	−7.8	1985
兴海	3.5	2017	2.0	0.0	1963、1966
贵南	4.2	2016	2.7	0.8	1966
同德	5.4	2017	2.0	−1.1	1979
尖扎	10.5	2006	8.5	6.4	1992
泽库	1.8	2017	−0.6	−2.9	1966
循化	11.3	1964、2013、2014	9.3	7.1	1992

续表

站名	历史最高值和出现年份		常年值	历史最低值和出现年份	
	平均气温(℃)	年份		平均气温(℃)	年份
同仁	8.3	2006	6.3	4.3	1992
沱沱河	-0.7	2017	-3.4	-9.8	1985
治多	2.4	2017	-0.6	-3.1	1987
杂多	4.6	2007	1.8	-1.2	1966
曲麻莱	1.6	2017	-1.3	-4.1	1985
玉树	7.1	2007	4.2	1.3	1966
玛多	-0.3	2007	-2.6	-5.3	1966
清水河	-0.3	2007	-3.4	-7.6	1968
玛沁	3.4	2017	0.9	-1.6	1997
甘德	1.7	2017	-1.3	-4.1	1997
达日	2.8	2017	0.3	-2.1	1966
河南	4.1	1964	0.5	-1.5	2002
久治	4.3	2017	2.0	-0.5	1979
囊谦	8.2	2007	5.2	2.3	1966
班玛	6.1	1974	3.8	1.5	1966

附表 3.11　11 月平均气温历史最高(低)值和出现年份及常年值

站名	历史最高值和出现年份		常年值	历史最低值和出现年份	
	平均气温(℃)	年份		平均气温(℃)	年份
茫崖	-1.5	2015	-4.3	-9.8	1967
冷湖	-2.6	2015	-5.5	-8.9	1967
托勒	-5.5	2015	-10.1	-15.5	2010
野牛沟	-5.9	2015	-10.2	-15.9	1977
祁连	-1.7	2015	-5.7	-9.0	1962
小灶火	-0.4	2015	-4.3	-8.3	1967
大柴旦	-1.5	2015	-5.6	-9.5	1967
德令哈	0.0	2015	-3.3	-6.7	1966
天峻	-3.8	2015	-7.2	-12.5	1977
刚察	-3.2	2015	-6.0	-10.2	1967
门源	-1.4	2015	-5.5	-8.5	1966
格尔木	1.3	2015	-2.0	-7.7	1964
诺木洪	0.6	2015	-2.9	-6.1	1967
乌兰	-1.0	2015	-3.9	-5.6	1991
都兰	-0.1	2015	-3.4	-7.7	1967
茶卡	-1.8	2015	-5.7	-8.4	1967

站名	历史最高值和出现年份		常年值	历史最低值和出现年份	
	平均气温(℃)	年份		平均气温(℃)	年份
海晏	−2.7	2015	−6.0	−8.8	1977
湟源	0.8	2015	−2.8	−6.3	1967
共和	0.7	2015	−2.5	−7.0	1977
大通	1.3	2015	−2.0	−5.6	1966
互助	0.6	2015	−2.1	−7.2	1967
西宁	3.1	1994	0.3	−3.0	1966
贵德	4.6	2015	0.5	−1.9	1966
湟中	1.4	2015	−1.4	−5.9	1976
乐都	4.4	2011	1.4	−1.9	1966
平安	3.4	2015	0.9	−0.9	1991
民和	4.6	1994	1.6	−1.2	1976
化隆	0.1	2015	−3.1	−6.2	1966
五道梁	−7.2	2011	−11.6	−18.3	1985
兴海	−2.8	1999	−5.1	−10.5	1977
贵南	−2.6	2015	−4.7	−8.2	1977
同德	−0.5	2015	−5.5	−10.9	1977
尖扎	4.8	2015	1.7	−1.2	1976
泽库	−3.8	2015	−7.5	−13.3	1977
循化	5.6	2015	2.5	−0.1	1976
同仁	3.2	2015	0.1	−2.9	1966
沱沱河	−6.8	2019	−11.4	−29.4	1985
治多	−4.1	2016	−7.6	−19.1	1972
杂多	−1.0	2019	−5.0	−8.8	1963
曲麻莱	−5.2	2016	−8.8	−17.6	1985
玉树	0.2	2009	−2.2	−6.4	1967
玛多	−6.5	2015	−10.1	−18.9	1985
清水河	−7.6	2015	−11.7	−19.6	1972
玛沁	−2.6	2016	−6.3	−10.0	1981
甘德	−5.0	2015	−9.1	−12.9	1981
达日	−3.0	2019	−6.7	−12.3	1971
河南	−2.6	1974	−6.6	−9.4	2002
久治	−0.8	2019	−4.3	−7.4	1972
囊谦	2.6	2019	−1.1	−4.4	1963、1967
班玛	0.6	2019	−2.5	−5.1	1972

附表 3.12　12 月平均气温历史最高(低)值和出现年份及常年值

站名	历史最高值和出现年份		常年值	历史最低值和出现年份	
	平均气温(℃)	年份		平均气温(℃)	年份
茫崖	−7.3	2004、2016	−9.9	−18.2	1961
冷湖	−8.5	2004、2016	−11.1	−14.7	1975
托勒	−12.2	2016	−15.7	−22.1	1961
野牛沟	−13.0	1978、2008	−15.3	−20.9	1961
祁连	−8.6	2016	−11.4	−15.1	1967
小灶火	−7.0	2016	−9.9	−14.2	1961
大柴旦	−8.0	2016	−10.8	−16.6	1962
德令哈	−6.1	2004	−8.6	−14.9	1961
天峻	−8.0	2016	−11.4	−15.9	1961
刚察	−7.8	2016	−10.6	−14.2	1961
门源	−7.7	2016	−11.5	−18.5	1982
格尔木	−4.5	2016	−7.3	−14.0	1961
诺木洪	−5.3	2016	−8.1	−12.7	1961
乌兰	−7.3	2016	−9.4	−11.5	1982
都兰	−5.6	1978	−7.9	−12.3	1961
茶卡	−7.2	2016	−10.2	−13.7	1961
海晏	−8.7	2016	−11.3	−15.2	1961
湟源	−4.3	2016	−8.0	−12.4	1975
共和	−5.0	2016	−7.9	−13.8	1961
大通	−4.4	2016	−7.7	−14.3	1975
互助	−4.9	1978	−7.9	−12.8	1975
西宁	−2.8	1989、1998	−5.3	−9.8	1975
贵德	−0.9	2016	−4.5	−7.9	1975
湟中	−3.6	2016	−6.1	−12.9	1975
乐都	−1.6	2016	−4.3	−7.8	1975
平安	−2.1	2016	−4.6	−6.3	2005
民和	−1.7	2016	−4.3	−8.1	1975
化隆	−5.0	1978	−8.0	−12.1	1975
五道梁	−11.6	2017	−14.9	−19.4	1961
兴海	−7.7	1987	−9.8	−15.1	1961
贵南	−7.1	1968	−9.6	−13.7	1961
同德	−5.2	2016	−10.3	−16.1	1961
尖扎	−1.3	2016	−4.0	−7.6	1982
泽库	−9.3	2016	−12.0	−16.0	1961
循化	−0.2	2016	−3.0	−6.5	1975

站名	历史最高值和出现年份		常年值	历史最低值和出现年份	
	平均气温(℃)	年份		平均气温(℃)	年份
同仁	−1.9	2016	−5.1	−9.5	1975
沱沱河	−10.7	2017	−15.5	−28.2	1985
治多	−7.4	2017	−11.7	−15.8	1987
杂多	−5.8	2017	−9.2	−16.1	1979
曲麻莱	−8.9	2016	−13.0	−17.6	1985
玉树	−3.6	1984	−6.2	−10.5	1973
玛多	−11.5	2016	−14.6	−24.9	1977
清水河	−12.1	2016	−16.2	−24.3	1971
玛沁	−7.1	2017	−11.1	−15.3	1997
甘德	−9.6	2017	−13.7	−20.8	1997
达日	−7.8	2017	−11.4	−17.2	1997
河南	−7.0	1974	−11.7	−14.9	1997
久治	−4.9	2017	−8.6	−12.6	1961
囊谦	−1.5	2017	−5.1	−10.4	1973
班玛	−3.8	2017	−6.7	−11.1	1989